機関学概論

2訂増補版

大島商船高専
マリンエンジニア育成会 編

成山堂書店

２訂増補版の執筆にあたって

初版が2006年に刊行されてから18年，改訂版も2014年に発行されてから10年が経ち，この間に船舶を取り巻く環境は大きく変化した。特に環境問題への対応は著しく，IMOにおいて2050年頃までには船舶からの温室効果ガスの排出ゼロを目標に，従来の石油燃料からゼロエミッション燃料へと大きく変わろうとする中，マリンエンジニアもまた新しい技術への対応が迫られる。しかしながら，船舶に搭載される機器は進化するものの根本的な原理は大きく変わらない。本書で舶用機関の概略と原理について理解し，マリンエンジニアとしての基礎を身に付けてもらいたい。

本書は機関学初学者に対しスムーズに機関学の導入部分を理解させ，将来，本格的に機関学を学習する際の橋渡し役となることを目的で執筆された。そのコンセプトはそのままに，今回の改訂では，法改正がされたところについての見直し，現在では使われなくなった装置の削除，反対に一般化された技術についての追加を行った。また，図表を多く取り入れることにより読者にとって視認しやすくした。しかし，あくまで本書は入門書であり，舶用機関に関するすべての内容は網羅しきれていない。そのため，読者が本書をステップとしてより高度な知識と技術を身につけ，次世代のマリンエンジニアとして活躍されることを切に願う。

正直なことを申せば，舶用機関の知識を習得するには実機を見て，触り，動かすことに勝るものはない。積極的に，現場に出て実機やその図面を見てほしいが，その機械の原理や構造についてわからないとき本書を読み直してもらいたい。また，本書を手に取る学生にとって，実機を見る機会が限られるため，海技士試験問題等について勉強する際の参考書として活用してもらえればと願う。

最後に今回の２訂増補版の執筆にあたり，ご理解とご指導を頂いた㈱成山堂書店の小川啓人社長に感謝申し上げます。

2024年３月

著者一同

まえがき

地球上には多数の国があり，各国とも自分の国だけの物資だけでは暮らせない。食料，原油，穀物などの日常生活に必要な物資は船を通じて輸送されることが多い。これによって我々は豊かな生活が営むことができる。とくに国内資源が乏しい我が国にとって，外国からの輸入によって必要な資源を確保することは極めて重要である。戦後経済の復興，成長の過程において，我が国は海運に依存することが多かった。そのため，戦前に比べ我が国は大きな商船隊をもつことになった。今後は国際競争力のある商船隊を拡充することおよび海運技術の発展のためにはコンスタントに優秀な船員を輩出する必要がある。

物資の輸送手段に関して，近年飛行機による物資の輸送が多くなったものの原油輸送に代表されるように，船による物資輸送はコスト，輸送量および安定供給の点で飛行機よりも優れている。

ところで，日本の海運は２度のオイルショックによる原油価格の高騰，船舶職員法および船員法の改正や船の小人数運航にともなう船舶技術の発展などの諸問題を経て現在に至っている。海陸を問わず，制御・情報機器は小型化および高度化の傾向にある。船の技術も自動機器の設備が充実しており，その技術発展はめざましいものがある。加えて，現在の船舶は少人数で運航するため機関士個々に要求される能力はより高度化の傾向にある。商船教育の現場で学生を教育する立場である著者らの使命は，多数の優秀なエンジニアを養成することにある。著者らの経験から専門知識を系統的に抵抗なく得るためには，まず入門書を読むことを勧める。

以上のことから，本書は次の点に留意して執筆した。

1．機関学を専門的に学習する人にとって，本書は高度な知識への橋渡しになる役目になること。すなわち，機関学の良き入門書になることを目的とする。

2．航海士を目指す人にとって，機関全体の知識を得ることは船舶の安全運航上，重要である。本書は航海士を目指す若者や乗船経験の浅い航海士に機関学の知識を提供する。

本書の内容は，前半（第４章まで）部分が船の概略と工学基礎全般について，後半（第５章以降）部分が機関学基礎について説明している。機関学の内容は膨大で，とても本書の内容が機関学全体を網羅しているわけではない。本書はあくまでも入門書であるため，読者は必要に応じてより専門的に高度な書籍を読むことを推奨したい。なお，各章に演習問題があるが，本書の内容を熟読すれば理解できる問題の解答は省略している。各自，独力で解答の作成にチャレンジしてもらいたい。

最後に今回の出版企画にご理解とご指導をいただいた㈱成山堂書店の小川實社長に感謝いたします。

平成18年３月

著者一同

執筆分担

序論 ……………………………………角田　哲也

第１章 …………………………………山口　伸弥

第２章

2.1，2.2，2.5…………………………渡邊　　武

2.3，2.4 ………………………………山口　伸弥

第３章 …………………………………小林孝一朗

第４章

4.1……………………………………清水　聖治

4.2〜4.4 ……………村田　光明，北風　裕教

第５章 …………………………………寺田　将也

第６章 …………………………………山口　伸弥

第７章 …………………山口　伸弥，朴　　鐘徳

第８章 …………………………………松村　哲太

目　　次

序　　論

船の歴史

◯船の起源

古来より船は人や物資などを輸送するために利用されてきた。船を利用することにより人間の生活は豊かになり，船の歴史は人間の歴史でもあるといっても過言ではない。そこで，船の歴史について年代順に概説してみよう。

船の起源は‘あしぶね’（起元前5000年頃）であるといわれている。その船はエジプトで‘パピルス’や‘あし’を束ねて造った船で，棒で水をかくことで，推進を得ていた。古代エジプトでは巨大神殿をつくるために巨石などの重量物を運搬する必要があった。このため，エジプトにおける船の技術発展はめざましいものになり，紀元前2000年頃には帆を利用するようになった。

◯ガレー船の登場

紀元前500年頃になると，ギリシャのガレー船が登場する。ガレー船とは普通３段に重ねられたオールを漕ぐことによって推進する船で，風がなくても航走できることと速力を高められる長所がある。ガレー船はおもに軍船として利用され，３段式ガレー軍船は全長45m，幅５mであった。紀元前200年頃にはローマのガレー船が登場する。このガレー船はおもに商船として利用され，大きさはギリシャのガレー船に比べ，約２倍であった。

◯３本マスト帆船の登場

15世紀になると３本マストの帆船が登場する。この頃の帆船は大型化になり，マストの数が増え，帆の張り方も進歩した。当時の人は地球が丸いのではないかと考え始め，船で外洋へ航海する人が増えてきた。当時を代表する帆船はサンタ・マリア号である。サンタ・マリア号は約250トンの３本マスト有する帆船で，1492年にコロンブスはその帆船でアメリカを発見した。

○汽船の発達

18世紀後半，イギリスに産業革命が起こり，ジェームズ・ワットは蒸気機関を発明した。この技術は船の原動機として利用され，船の技術および性能は格段に進歩した。1807年に製造された外輪船であるクラーモント号（全長約40m）はハドソン川の交通機関として永きにわたり活躍した。この船はピストンが上下に動き，歯車を介して外輪を回転させる方式の船であった。

○スクリュー船の登場

18世紀から船の推進器にスクリューを利用するアイデアはあったもののその採用には時間がかかった。スクリューの効果は1845年にイギリス海軍によって実証された。その実証実験の内容は同じトン数と出力を有する外輪船とスクリュー船との綱引きであった。その結果，スクリュー船が外輪船を時速4.5キロの速さで引っ張り，スクリュー船の優位性が認められた。

○鋼船の登場

長い間，船の材料は木材であったが，木材で大型船を製作するには技術的に限界があった。そこで，19世紀になると木材の代わりに鉄を利用するようになった。船の材料に鉄を利用するメリットは骨組みの小型化と板厚が薄くできることによって木製の船よりも軽量化が可能になったこと，船体強度が増すこと，船体の製作コストの低減などがある。

船に関する素朴な疑問

1．船はなぜ浮かぶか？

船が水面に浮かぶのは浮力という力が船に対して水面方向に作用するからで

ある。浮力を実感できるのは，しぼんだ風船は水には浮かばないが，空気を入れた風船は，たとえ手で風船を水中に押し込んでも水の上に浮く。風船を水中に押し込んだとき，逆に風船から手に力を受けることを実感できるであろう（図A）。この力が浮力である。また，風船を金属に代えて考えても同じである。缶詰のふたを水に浮かべると沈んでしまうが，空の缶詰を水に浮かべると水面に浮く（図B）。この事実は金属の場合，板状の金属よりも大きな空間を有する容器にすれば浮力が作用することが想像でき

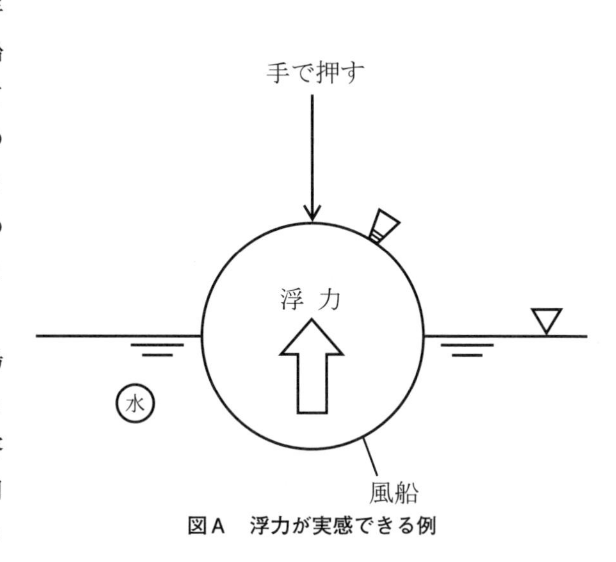

図A　浮力が実感できる例

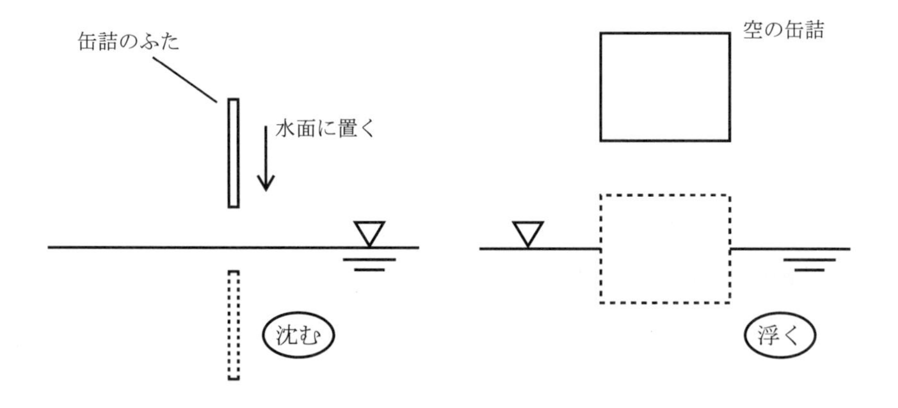

(a) 缶詰のふたは沈む　　(b) 空の缶詰は浮く

図B　浮力の実例

る。浮力はアルキメデスの原理で説明されている。アルキメデスの原理とは「流体中では物体はそれが排除した流体の重量と同じ大きさの浮力を受け，その分だけ重量減少が生じる」である。すなわち，物体を水に浮かべると，物体が排除した水の重さが物体の重さと同じになれば，物体は水に浮かぶ。船の場合も同様に考えれば，船が排除した分の水の重さと同じ大きさの浮力が重力とは反対方向に作用する（図C）。

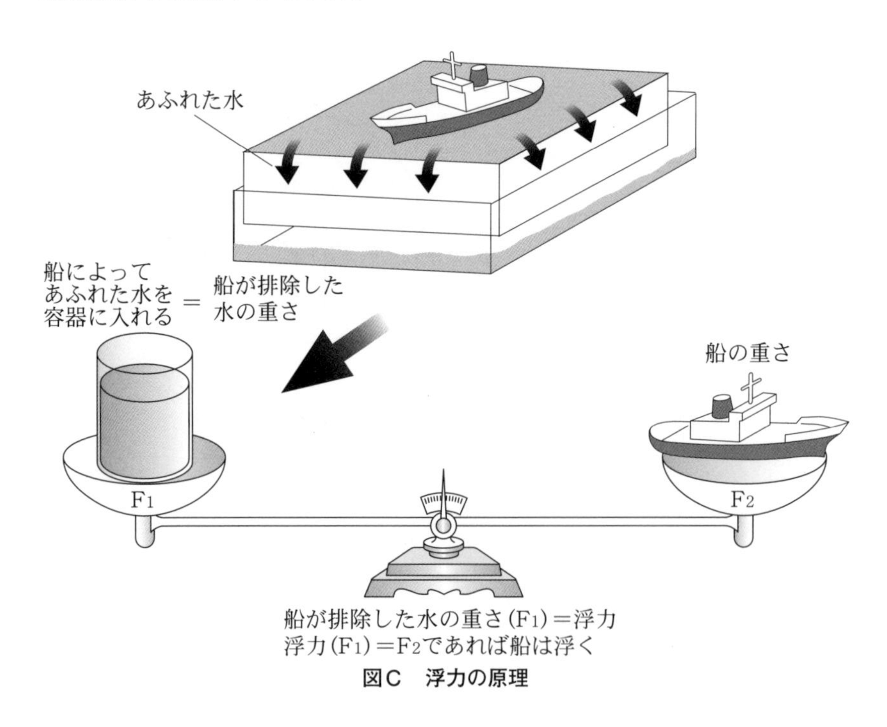

図C　浮力の原理

2．船はどうやって進む？

○スクリュープロペラ

現在の船で採用されているスクリュープロペラの原理は‘ネジ’の作用と同じである。日常生活でよく使用するネジはドライバーでネジを右にまわせば，ネジは締まる。すなわち，ネジは奥行き方向に移動する。反対にネジを左に回せば，ネジは手前方向に移動する（図D）。ネジをプロペラに置き換えて考えれば，たとえば，プロペラが右回転する方向が船の前進方向とすれば，プロペラが左回転すると，船は後進する。つまり，船の前進と後進はプロペラ軸の回転方向で実施される。ちなみに，船にはブレーキはない。急に船は止まれない。船を急停止させないように，航海士は常に安全な針路を保持する努力をしなければならない。ところで，ネジの山と山の間隔をピッチというが，スクリュープロペラでも同じで，プロペラが1回転するときにプロペラが進む距離をプロペラピッチという。ただし，プロペラは水の中で回転し，水の中では，プロペラはすべる。この点は日常生活で使用するネジとは異なる。

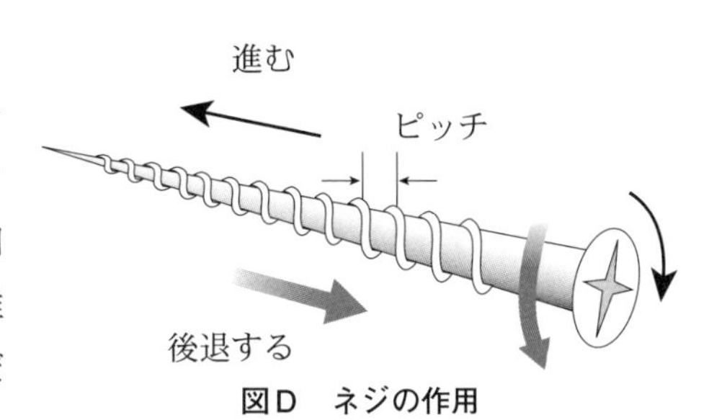

図D　ネジの作用

○バウスラスター

バウスラスターは船が接岸するときに使用するものである。それを使用すると，船を横方向に移動させることができるのでタグボートの助けがなくても接岸または離岸しやすくなる。その構造は船体の横に船体を横断するトンネルがあり，その中央部にプロペラを設置されている（図E）。バウスラスターの作用はプロ

図E　バウスラスターの原理

ペラの回転によって船体の左から右へ，または右から左へ水を押しやると船体の向きが変更可能になる（図Ｆ）。

3．船はどうやって曲がる？

船や飛行機には方向を変えるために舵(ラダー)を採用する。図Gのように，舵を左もしくは右にきると，舵の面に水流があたり，その圧力で，水流が当たったときと反対方向に船は動く。一般に，船速が落ちたときは，水流が舵面に作用する力が小さくなるので舵の効きが悪くなる。

4．岸壁に着岸している船から大量の水が排出されているのを見かけるが，水を捨ててもったいなくはないのだろうか？

船には多数の乗組員が乗船しており，生活している。船内生活を維持するためには電気は不可欠である。停泊中は貨物の積み卸しのためにも電力が必要である。これらの電力を供給するため，船内では発電機を常時運転しており，発

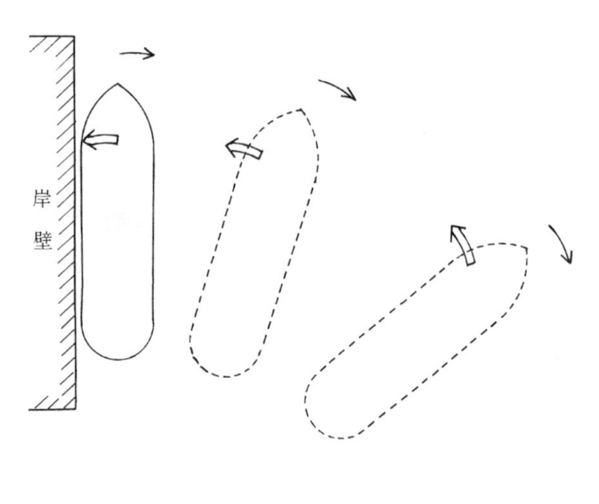

図Ｆ　バウスラスターの作動状態

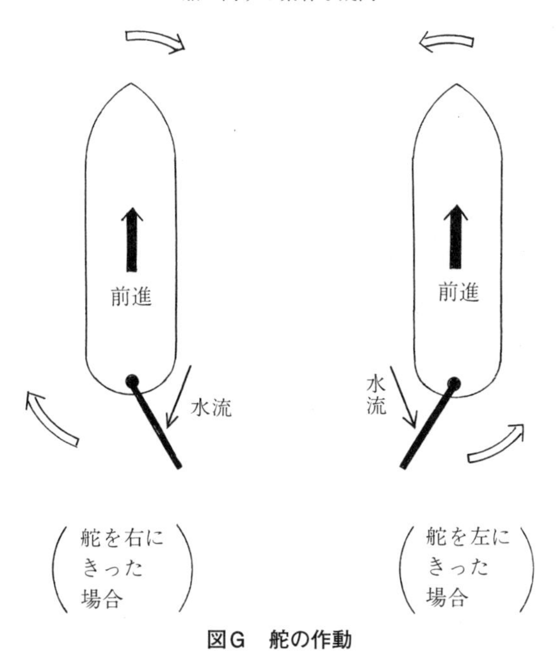

図G　舵の作動

電機を駆動する原動機の冷却水として海水を利用している。さらに，海水は冷房機の冷却水としても使用している。したがって，これらの海水は常時船外に排出される。

また，船内には多数のポンプがあるが，使用目的に適した水圧を得るためには水圧調整をするが，水圧調整のため，一部の海水を船外へ排出する。

参考までにバラスト水について説明する。着岸時とは限らないが，船の姿勢を安定させるために，船のタンクに海水を多量に積む（バラスト水という）。このバラスト水は必要に応じて船内から排出する。

機関士にはどのような学問を習得する必要があるだろうか？

機関士に必要と思われる授業科目を分野別に以下に列記する。

⑴　出力装置に関する科目

内燃機関，蒸気タービン（蒸気ボイラを含む）など

⑵　プロペラ装置に関する科目

船舶工学

⑶　補助機械に関する科目

冷凍機，空調工学，補助機械工学（流体機械，油圧工学などを含む）

⑷　電気工学，電子工学および電気設備に関する科目

情報処理，電気工学，電子工学，計測工学，制御工学

⑸　自動制御装置に関する科目

制御工学，計測工学

⑹　甲板機械に関する科目

補助機械工学（舵取り装置，揚貨機など）

⑺　燃料および潤滑剤の特性に関する科目

燃料・潤滑工学，化学

⑻　一般力学に関する科目

熱力学，工業力学，材料力学，流体力学

⑼　応用力学に関する科目

機構学，機械力学，機械振動学，伝熱工学，燃焼工学など

⑽　材料に関する科目

工業材料，製図，図学など

⑾　造船に関する科目

船舶工学

⑿　製図に関する科目

設計製図，機械設計，図学

⒀ 海事法令および国際条約に関する科目

海事法規

⒁ 当直保安およびその他一般に関する科目

機関英語，練習船実習

⒂ 機関士としての一般教養

数学，理科，物理，化学など

船用機関を構成する機器類の原理は工学に関する知識が重要で，数学や理科はその基礎となる。

英語

外航船では英語が標準語として使用され，各種標記や取扱説明書も英語で記されている。

国語

業務を行う上での書類の作成も必須となる。

社会

外航船では様々な国々の人が乗り組むため，文化や歴史を理解しあう必要がある。また，一社会人として世の中の仕組みについて理解する必要がある。

芸術

音楽や美術などの知識は人間を豊かにするだけでなく，円滑なコミュニケーションを図る上でも重要である。

以上のように，機関士になるためには幅広い知識が必要であり，学校で学ぶ教科において何一つ欠かすことができない。また，船内では限られたクルーで仕事をするため，協調性のある人格が望まれる。協調性を身につけるためには，勉学のみならず，クラブ活動やボランティアなどの課外活動に参加して心と身体を磨いてもらいたい。

第１章　機関部 ―船を動かす―

一般的な外航船舶の船内組織は甲板部，機関部，無線部，事務部，医務部からなり，機関部は船内に設置されている機器のうち航海用機器，無線用機器等を除いた機器の保守整備および運転を行う。

甲板部は船の運航と貨物管理を行い，無線部は外部との通信連絡が主な任務であるが，GMDSS（Global Maritime Distress Safety and System：海上における遭難および安全に関する世界的な制度）が導入され，航海士がその職務を行うようになった。

事務部は船内のサービス部門を担当し，業務は乗組員の食事の調理，食料管理，居住環境の維持などである。

医務部は乗組員の健康管理が職務である。主に国際航海をする3,000トン以上で，乗員100人以上の船において船医の配置義務があるが，客船を除いて医務部のない船がほとんどで，衛生管理者の資格を持つ職員が乗組員の健康管理業務を担当する。

以下，機関部の概略について説明する。

1.1　機関部乗組員

1.1.1　職　員

職員には「船舶職員及び小型船舶操縦者法」上の職員と「船員法」上の職員があり，「船舶職員及び小型船舶操縦者法」では海技免状を保有している人で船舶に乗船して船長，航海士，機関長，機関士，通信長，通信士，運航士の職務を行う人を職員というが，「船員法」では航海士，機関長，機関士，通信長，通信士と法律（国土交通省令）で定められた人を職員という。

法律（国土交通省令）で職員とみなされるのは運航士，事務長，事務員，医師ならびに航海士，機関士，通信士と同じ待遇を受ける人である。すなわち，「船舶職員及び小型船舶操縦者法」では海技免状を保有し，乗船して決められた職務を行う人が職員であるが，「船員法」では海技免状を保有していなくても法律で定められた人（事務長，事務員，医師，ならびに航海士，機関士，通信士と同じ待遇を受ける人）が職員であること，船長は職員でないということが「船舶職員及び小型船舶操縦者法」と異なる点である。

一般に，船内で職員とよばれる人は船長と船員法上の職員を指す。機関部の職員とは機関長（Chief Engineer : C/E），一等機関士（First Engineer : 1/E），二等機関士（Second Engineer : 2/E），三等機関士（Third Engineer : 3/E）をいう。船によっては同じ階級の機関士が２名乗船する場合がある。たとえば，一等機関士が２名乗船している場合，上位の一等機関士を主席一等機関士（Senior First Engineer），下位の一等機関士を次席一等機関士（Junior First Engineer）とよぶ。なお，「船舶職員及び小型船舶操縦者法」では船舶の用途，航行する区域，大きさ，推進機関の出力などの要件を考慮して船舶職員として船舶に乗り組ませるべき者についての基準（人数，資格）が定められている（表1.1）。

表1.1　機関部の乗組員基準

機関出力	遠洋区域				近海区域				限定近海区域			沿海区域		平水区域	
	機関長	一機士	二機士	三機士	機関長	一機士	二機士	三機士	機関長	一機士	二機士	機関長	一機士	機関長	一機士
6,000[kW]以上	1	2	3	3	1	3	4	5	3	4	5	3	4	4	5
3,000[kW]以上	2	2	3	4	3	4	5	5	4	5	5	4	5	4	5
1,500[kW]以上	2	3	4		3	4	5		4	5	5	4	5	5	
750[kW]以上	3	4	5		4	5			4	5		5	6	5	
750[kW]未満	4	5			5				5			6		6	

1.1.2　部　員

船員法では職員以外の乗組員を部員として規定している。機関部の部員には，操機長（No. 1 Oiler・通称ナンバン），操機手・機関手（Oiler），操機員・機関員（Wiper）がいる。現在，機関部の部員は機関室機器の自動化や後述するM0（エムゼロ）船の普及により甲板部の部員に比べて少ない。非M0の大型外航船では，操機長1名と機関手または機関員3名の最低4名が乗り組んでいる。これは航海当直に従事する場合，職員1名・部員1名を一組として4時間当直，8時間休息の体制の3交代で就労するのに，3組必要となるからである。

1.1.3　混乗船

外航の商船の場合，日本の船会社が運航する船であっても乗組員の多くは外国人で，日本人のみで運航する船はほとんど存在しない。このように，様々な国の出身者で運航する船を混乗船という。外航船に乗船する場合，英会話が必須であることは言うまでもないが，異なる文化の出身である船員同士，コミュニケーションを取り合いながら業務を行っていくことが大切となる。

1.2　機関部の職務と作業

1.2.1　職務の概略

主な職務としては，船内に設置されている機器（航海用機器および無線用機器は除く）の保守，運転，燃料油・潤滑油・ボイラ水管理ならびに予備品・船用品管理などである。

(1)　保守管理

船舶を安全にしかも経済的に運航するためには船舶を構成する船体および機器類の信頼性を高める必要がある。機器の信頼性を高めるための保守管理の方法には予防保全と事後保全の2つがある。

①　予防保全

機器類の汚損，摩耗などによる性能劣化の防止と突発事故の発生を未然に防止するために行う保全であり，JISの規定には「決まりきった手順により，計画的に点検検査，試験，再調整などを行い，使用中の故障を未然に防止するために行う保全」とある。

船舶においては，従来からある一定の運転時間数に達すると保守整備を行う手法が行われているが，これは予防保全の手法に則った整備である。この方法は一定時間運転すると状態が悪くなくても部品の取り替えや開放整備を行うという方式である。

たとえば，主機の燃料噴射弁は運転時間2,000時間，排気弁は運転時間3,000時間というように時間を決めて整備済みの予備と取り替える方法である。整備間隔は機器メーカーの定めた標準的な時間数を参考にして，船ごとの実情に応じて決定するが，特にディーゼル機関は燃料油の品質が悪いと，機関の運転状態が悪化して整備間隔の短縮が必要となることがあるので，運転状態を正確に把握して適切な時期に整備を行うことが大切である。運転時間数による保守管理は整備間隔が簡単に設定できる反面，設定時間数が短かすぎると過剰整備になるので，適正な時間に設定することが重要である。

船舶安全法の規定により義務づけられている船舶の定期的検査も同様な考え方で行われる。すなわち，船内に備え付けられている機器はある一定の期間が経過すると異常がなくても開放して検査を受けなければならない。

② 事後保全

機能停止などの突発事故の修理，復旧を目的としたものであり，JISの規定には「故障が発生した後に行う保全」と規定されている。

船舶の運航面からみれば突発事故が起こってから行う事後保全はゼロとすることが望ましい。船は貨物を安全に効率よく輸送することが使命であるから，突発事故により船の運航が妨げられることはできるだけ避けなければならない。

(2) 運転管理

機器類を安全に効率よく運転することは機関部のもっとも重要な職務である。船を動かすための機器類が順調に運転されてはじめて，船が貨物を安全に効率よく輸送するための条件の一つが満たされることになる。

内燃機関やボイラの効率的な運転は燃料の完全燃焼を行うことと熱損失をいかに少なくするかにあるので，良好な燃焼状態の維持とガス漏れや蒸気漏れなどの熱損失が起こらないよう運転状態に注意を払う必要がある。また，気象海象，運航予定や運転条件に応じた主機の出力調整やその他の機器の温度調整，圧力調整をきめ細かく行うことにより，無駄のない運転を行うことも大切である。さらに水や油などの漏れもエネルギの浪費となるので，これらの漏れの早期発見と修理も効率的な運転管理ということができる。

機器類を安全に運転するために次のような設備を備えている。

①　運転状況監視装置

機器の温度・圧力・振動，油タンクや水タンク内の量やビルジ量などの監視と記録を行い，これらのデータの計測値が設定範囲をはずれたり，機器自体が異常停止した場合には警報を発して乗組員に知らせるシステムである。

このシステムにはデータ記録機能もあり，一定時間ごとに行う定時記録機能といつでも希望する時に記録することができる任意記録機能とがある。定時記録の間隔は変えることができるが，通常は4時間ごとに記録するように設定してある。また，警報が発生した場合および復旧した場合の詳細を記録するための装置も設置されている。

②　安全装置

運転中の機器に異常が発生した場合，異常の発生した機器自体の保護とその機器の影響で他の機器に損傷が波及するのを防ぐため，次のような安全装置が備え付けられる。

(イ)　主機関の安全装置

(a)　危急停止装置

運転を継続すると機関自体が損傷するおそれがある場合に，自動的に機関を停止する装置で，エンジントリップと呼ばれる。船舶機関規則には機関の種類別に次の要因が発生した場合に自動停止することと規定されている。

［ディーゼル機関の自動停止要因］

・回転数の異常上昇

・潤滑油供給圧力の異常低下

［蒸気タービン機関の自動停止要因］

・回転数の異常上昇

・潤滑油供給圧力の異常低下

・復水器内の圧力の異常上昇

しかし，実際には上記の要因以外でも危急停止するように設計されていることが多い。どのような要因で危急停止させるかは船主の方針，機関の種類や遠隔操縦装置の設計者によっても異なるが，ディーゼル機関の場合，上記の要因に加えて，次のような要因でも危急停止するよう設計されることが多い。

・排気弁開閉用空気圧力の異常低下

・カム軸潤滑油圧力の異常低下

・制御電源の異常

・制御空気圧力の異常

・手動停止

また，蒸気タービン機関では下記の要因でも危急停止するように設計されている。

・タービンローターの異常振動

・タービンローターの軸方向移動量過大

・制御油圧低下

・制御電源の異常

・ボイラ水位上昇

・ボイラ異常停止

・手動停止

(b) 主機自動減速装置

危急停止させるほどの異常状態ではないが，全力運転を続けると機関に損傷が発生する可能性がある場合に，回転数を下げて機関の運転を継続する自動減速装置が設置される。オートスローダウンと呼ばれる。

［ディーゼル機関の自動減速要因］

・潤滑油温度上昇
・ピストン冷却油温度上昇
・シリンダ冷却水圧力低下
・クロスヘッド潤滑油圧力低下
・排気ガス温度上昇
・排気ガス温度偏差過大
・船尾管軸受け温度上昇
・シリンダ油ノンフロー
・推力軸受け温度上昇

［蒸気タービン機関の自動減速要因］

・過熱蒸気圧力低下
・ボイラ水位上昇
・ボイラ水位低下
・過熱蒸気温度上昇
・復水器水位上昇

(ロ) 発電原動機と発電機の安全装置

発電原動機はほぼ主機関と同じ要因で危急停止する。また，発電機は電圧，周波数の異常上昇や異常低下が発生した場合は予備発電機に自動的に切り替わる。さらに，負荷電流がある一定値を越えると重要度の低い負荷を給電系統から自動的に遮断して負荷電流を減少させる選択遮断装置や予備発電機を自動的に起動して追加給電する装置等を備える。

(ハ) ボイラの安全装置

ボイラにも船舶機関規則の規程により次に示す状態になった場合に，自動的に燃料油の供給を停止し警報を発する安全装置が装備される。

・ボイラ水が不足した場合

・自動点火に失敗した場合

・火炎が消失した場合

・通風が停止した場合

また，ボイラ内の蒸気圧力が制限圧力を超えて上昇した場合，安全弁が自動的に開いて蒸気をボイラ外部へ逃がすことにより過度の圧力上昇を防止する。

(ニ)　電動機の安全装置

過電流が流れた場合自動停止。

(ホ)　ポンプ類の安全装置

重要な用途に使用されるポンプを駆動する電動機が異常停止した場合，予備機が自動的に起動する。

(ヘ)　その他の機器の安全装置

空気圧縮機には圧縮空気出口温度が異常に上昇した場合や潤滑油圧力が低下した場合は自動停止する。また，圧力のかかるタンクやパイプには内部圧力が一定限度を超えて上昇した場合に，作動する逃がし弁が取り付けられる。

(3)　燃料油・潤滑油・ボイラ水管理

燃料油管理の内容は消費量計算，残油量把握，補給時期の決定，補給および前処理等である。

燃料油の消費量は前日正午から本日正午までの間に消費された量を使用機器別（主機，発電機，ボイラ），油種別（A重油かC重油），さらに，船が航海状態か，停泊状態かでも区別して，摂氏15度における重量に換算して計上する。前日正午より本日正午までの消費量を前日正午の残油量から差し引いた量が本日正午現在の残油量となる。低質油を使用する船舶の場合，エンジンで使用する前に不純物を除去するが，この作業を燃料油の前処理という。（詳細については第8章を参照）

潤滑油管理も燃料油管理とほぼ同じ内容で消費量計算，残油量把握，補給および性状維持などである。潤滑油の性状を良好に維持することは機器を安全に運転するためには大切なことである。このため，主機や発電原動機の潤滑油は遠心分離装置を使用して油中の不純物を除去することにより性状を維持する。また，主機，発電原動機，操舵装置，油圧甲板機などに使用している潤滑油や作動油は定期的に分析して性状の変化をチェックし，悪化するようであれば早めに対策を講ずる必要がある。

ボイラ水管理も消費量管理と性状管理に分けられるが，性状管理についてはボイラ水処理の項で説明する。

⑷　予備品・船用品管理

船舶の予備品は法律（船舶機関規則）によって船内に保有することが義務付られている法定備品とそれ以外の予備品とに分けられる。

船内に保管されている予備品は，大きいものは主機関用のピストン，シリンダーカバー，シリンダーライナなど重量が1トンにも達するようなものから，ビスのような小さいものまで多くの種類があり，材質も金属からゴムまで広範囲にわたっている。船が廃船になるまで使われないこともある予備品がある一方で，頻繁に取り替える予備品もあるため，定期的に在庫を調査して保有数や保管場所を確認しおく必要がある。

予備品の材質によっては保管場所や保管方法についても十分考慮しなければならない。たとえば，ゴム製のO-Ring（オーリング）は涼しい場所に，ボールベアリングなどは振動のない場所に保管するなどの配慮をすることにより，保管中の予備品の品質の劣化を防止する。大型の予備品は重量があるため移動するときのことを考慮してクレーンなどで容易に移動でき，かつ通常の作業の際にじゃまにならないような場所に格納し，さらに船の動揺や振動で動かないよう固定方法にも注意を払う必要がある。

このほかに船用品と呼ばれる物品の管理もある。

船用品とは機関部の業務を行うために必要な物品から予備品を除いたもので，工具，金属材料類，薬品，塗料，パッキン類など種類も多く，予備品以上に管理には手間がかかる。普通，備品と消耗品に分けて管理を行い，定期的に棚卸しを行って数量を確認する。

1.2.2　機関部作業

機関部の作業は大きく5つに分けられる。

(1)　保守整備作業

航海中に行う作業と停泊中に行う作業がある。

停泊中には主として，航海中に整備することができない主機を重点的に整備する。しかしながら，着岸中に主機の整備を行うことが禁止されている岸壁もあり，注意が必要である。

(2)　当直作業

当直中の作業としては次のものがある。

①　監視作業

主として運転中の機器類の運転状況の監視作業を指す。機関制御室における監視作業と機関室内の見回り作業がある。

②　計測作業

主機や発電機など主要な機器類の運転データは自動的に計測記録されるが，それ以外の機器の運転データについては当直員が現場で計測し記録する。また，運転データ以外に燃料油タンク，潤滑油タンク，ビルジタンクや水タンクなどの機関室内にあるタンク内の油や水の量の計測もこの作業に含まれる。

③　運航維持作業

運航維持作業とは機関の運転を継続するために必要な作業をいう。

当直員で実施可能な定常作業でストレーナー類の掃除や油類の移送，燃料油タンクや水タンクの切り替え，発電機や清浄機の運転機から予備機への切り替えなどである。

④　ビルジの移送，排出作業

ビルジとは船底に溜まる水と油の混合物をいう。(法律の定義では船底に溜まった油性混合物を指す)

ビルジの移送，排出作業と次の廃油処理作業は上記③の運航維持作業の一部として行われるが，これらの作業は海洋汚染を防止するうえで重要な作業であるので，別項として説明する。

機関室ビルジは機関室底部のビルジ溜まりに集まる。集まったビルジはビルジポンプでビルジタンクへ送っていったん貯蔵する。この作業をビルジの移送作業という。ビルジタンクへ集められたビルジが一定量以上になると船外へ排出するが，油分を含んだビルジを排出することは海上汚染等および海上災害の防止に関する法律で禁止されている。

また，ビルジを排出できる海域および排出するビルジ中に含まれる油分の含有量も上記の法律で規定されている。したがって，ビルジはある一部の船舶（おおむねタンカー以外の総トン数100トン未満の船舶が該当する）を除いて，次の条件を満たした状態で排出しなければならない。

(イ)　油分濃度が15ppm以下であること。

(ロ)　南極海域以外の海域において排出すること。

(ハ)　航行中であること。

(ニ)　法律で定められたビルジ等排出防止装置を作動させながら排出すること。

ビルジ等排出防止装置とは下記の装置をいう。

○油水分離装置

ビルジ中の油分を取り除いて，規定の油分濃度以下にする装置でBilge SeparatorまたはOily-water separatorと呼ぶ。

○ビルジ用濃度監視装置

排出されるビルジ中の油分濃度を監視する装置で，Oil Content Monitorと称する。

上記，油水分離装置はすべての船に設置することが要求されるが，ビルジ用濃度監視装置は総トン数1万トン以上の船舶にのみ設置が義務付けられている。

ビルジの移送や船外への排出作業を行ったときは，機関日誌，油記録簿，航海日誌に作業内容を記載することが義務付けられている。地球環境を守るためにも，船舶からの油類の排出は決して行ってはならず，この作業を行う場合は十分な注意を払う必要がある。ただし，船または人命を救助する場合や船が損傷したためやむを得ず油（原油，重油，潤滑油，軽油，灯油，揮発油など）を排出することは許されてる。

⑤　廃油焼却作業およびゴミ処理作業

廃油とは船内で発生した使用することのできない油や油分を多量に含んだ残渣物の総称である（海上汚染および海上災害の防止に関する法律の定義は船内で発生する不用な油）。低質油を使用する船舶では廃油は船の運航に伴って毎日発生するものであり，他の用途に使用できないため，船内で焼却処理するのが一般的な方法である。したがって，ボイラや専用の焼却装置による廃油焼却作業は当直作業の中で大きなウエイトを占める。

一般に，廃油は多量の水分や固形物を含んでいるため，加熱して水分を蒸発させたり，固形物を除去したりする処理を行ったのち焼却する。船内で処理できない廃油は陸上施設に陸揚げして有料で処理することになる。廃油の移送，焼却，陸揚げなどの作業はすべて油記録簿に記載することが義務付けられている。

また，日常の船内生活に伴って発生するゴミは，食物くず以外の船舶廃棄物(廃プラスティック類，紙くず・木くず・繊維くずその他の可燃性廃棄物，金属くず・ガラスくず・陶磁器くず）の海洋投棄は認められていないため，陸揚げして処理する。これら廃棄物の焼却，陸揚げなどを行った場合も船舶発生廃棄物記録簿に記録することが義務付けられている。

⑥　簡単な保守整備作業

上記①～⑤の作業の合間に当直要員のみで実行可能な作業をいう。

機関部の当直を行う職員は，船員法施行規則第三条の五の規定に基づく航海当直基準に，次に掲げるところにより当直を維持することが定められている

㈠　機関を安全かつ効率的に操作し，及び維持するとともに，必要に応じて機関長の指揮の下に機関及び諸装置の検査及び操作を行うこと。

㈡　定められた当直体制が維持されることを確保すること。

㈢　当直を開始しようとするときは，あらかじめ機関の状態を確認すること。

㈣　機関が適切に作動していないとき，機関の故障が予想されるとき又は特別の作業を必要とするときは，これに対してとられた措置を確認するとともに，必要に応じてとるべき措置の計画を作成すること。

㈤　機関区域が継続的な監視の下にあるよう措置すること。

㈥　機関区域及び操舵機室を適当な間隔をおいて点検するよう措置すること。

㈦　機関の故障を発見したときは，適切な修理を行うよう措置し，予備の部品の保有状況を確認すること。

㈧　機関区域が有人の状態にある場合には，船舶の推進方向及び速力の変更の指示に応じて，主機を迅速に操作できるよう措置すること。

㈨　機関区域が定期的な無人の状態にある場合には，警報により直ちに機関区域に行くことができるよう措置すること。

㈩　船橋からの指示を直ちに実行すること。

(十一)　船舶の推進方向又は速力の変更を記録すること。ただし，曳(えい)船その他の推進方向又は速力を頻(ひん)繁に変更する船舶であって当該記録を行うことが困難であると認められるものについては，この限りでない。

(十二)　すべての機関の切り離し，バイパス及び調整を責任をもつて行い，かつ，実施した作業を記録すること。

(十三)　非常事態等船舶の安全を確保する必要が生じた場合には，機関区域においてとる緊急措置を直ちに機関長及び船橋に通報し，必要に応じて緊急措置をとること。この通報は，可能な限り，当該措置をとる前に行うこと。

(十四)　機関室が機関用意の状態にある場合には，用いられるすべての機関及び装置を利用可能な状態に維持するとともに，操舵装置その他の装置に必要な予備動力を確保すること。

(十五)　機関区域の設備が必要に応じ直ちに手動操作に切り替えることができ

る状態にしておくこと。

㈦　航海の安全に関して疑義がある場合には，機関長にその旨を連絡すること。さらに，必要に応じて，ためらわず緊急措置をとること。

⑶　補給作業

港に停泊中に行う作業で部品，船用品，燃料油・潤滑油などの積み込み作業をいう。

この作業の中で最も気をつかうのが燃料油，潤滑油の積み込み作業であり，特に，燃料油補給作業は回数も多く，特別な注意が必要な作業である。

海の汚染を防止するためには，油類を船外へ流出させることは絶対にしてはならない。このため，燃料油の補給作業は機関長以下機関部乗組員全員で実施するが，次に述べるような準備を行って万全を期す。

①　補油計画書を作成して，タンクごとの補油量を決定する。

②　燃料タンクから油が溢れても甲板上の排水孔（スカッパー）から船外へ流出しないようにするための排水孔の閉鎖。

③　万一船外に流出した場合，迅速に対応できるように処理機材の準備と乗組員の役割分担の確認。

④　燃料油取入場所（甲板上），現場（油量計測場所），バンカーステーション（遠隔油面計や各タンク取入弁の遠隔開閉スイッチなどが設けられている）間の連絡手段（電話，トランシーバー）の作動確認。

⑤　補油作業に従事する乗組員の役割分担と補油計画書の内容確認。

⑷　応急作業

突発的に発生する故障・事故の復旧作業をさす。

応急作業を行う際，船舶の運航や安全に支障を及ぼすおそれのある場合は，甲板部との連絡を密接にすること。特に，主機や主機の運転に影響をあたえる補機類のトラブルの場合は，甲板部（船長）と十分に打ち合わせを行ってから作業すること。船の位置によっては主機を停止すると，海難事故につながる場合があるので注意が必要である。

舶用機関は強度的にも余裕をもって製作され，整備も予防保全システムに基づいて行われているため，突発的な故障・事故は発生率は低いが，起きる可能性が全くないということではない。もし，船の運航に影響を及ぼすような突発事故が発生した場合は次の点を念頭に置いて対処すること。

① 主機関や主機関の運転に影響をあたえる補機類にトラブルが発生して，主機関の運転が困難となった場合や出力を下げなければならなくなった場合，甲板部（船長）と十分に打合せを行い，船に危険が及ばないようにすること。

② 船内電源が喪失（ブラックアウト）した場合はできるだけ速やかに復旧すること。

最近の船舶は電力がなくなると，全く運航できなくなるため電源の早期復旧が重要である。

ただし，機関室無人運転を行う船舶には電源喪失時に自動的に電源を復旧させるための装置の取り付けが法律で義務付けられており，部分的な発電装置のトラブルの場合には，電源は自動的に復旧する。船内電源がなくなると，主機関，ボイラなどの機器は自動的に停止する。したがって，電源が復旧した後はできるだけ早く自動停止した機器を通常運転状態にもどさなければならない。

⑸ 出入港作業

港へ出入りする際の作業や投揚錨作業を指す。スタンバイ作業と称する。

内容については就労体制の項で説明する。

1.2.3 職務分担と就労体制

⑴ 機関士の職務分担

船会社により違いがあるが，ある船会社における職務分担はだいたい次のように決められている。

各船固有の事情がある場合は船内で変更することもある。

機　関　長…全般統括

一等機関士…主機関，主機関関連補機，潤滑油管理，人事管理

二等機関士…発電機原動機，主ボイラおよび関連補機（主機関が蒸気タービ

ンの場合)，操舵装置，燃料油管理

三等機関士…発電機・配電盤等電気関係関連装置全般，補助ボイラおよび関連機器（主機関がディーゼル機関の場合），冷凍装置および関連補機

⑵　就労体制

①　M０（エムゼロ）船

M０（エムゼロ）とはMachinery Space 0（ゼロ）Personの略で，日本語では機関区域無人化船と呼ばれ，監視装置や警報システムを作動させることにより，夜間は機関室を無人化することができる船である。

(イ)　航海中

昼間は保守整備作業に従事し，発電原動機，補機関連の整備や停泊中に取り替えた主機関係の予備品整備などの作業に従事し，夜間は休息する就労体制をとる。

また，M０当直要員（機関士１名と部員１名）はM０運転に必要な運航維持作業と呼ばれる作業に従事する。

この作業はストレーナー・フィルター類の掃除，補機類の切り替え，水や油タンクの計量，夜間のM０運転のためのチェック作業などを指す。

M０当直要員も夜間は休息するが，M０運転中に異常が発生した場合は機関制御室および機関室で状況を確認し，M０当直要員のみで対処可能な場合は必要な処置を実施し，対応できない場合はM０当直要員以外の機関部乗組員の応援を求めて必要な処置を行う。

(ロ)　沿岸航行中，狭水道・運河通航中

周囲の状況に応じて，主機の発停増減速ができるように機関室に当直要員を配置した状態とするが船長が当直要員を配置する必要がないと判断した場合は，M０運転とすることもある。

当直要員を配置する場合は４時間当直，８時間休息のパターンで就労する。状況によっては変わることもあるが，機関士の当直時間割は下記のように決められていることが多い。

0000〜0400，1200〜1600（ゼロヨン）：二等機関士

0400〜0800，1600〜2000（ヨンパー）：一等機関士

0800〜1200，2000〜2400（パーゼロ）：三等機関士

(ハ)　入出港時および投揚錨時

入出港時や投揚錨時にエンジントラブルが発生すると大きな事故につながる可能性があるため，万一トラブルが発生した場合に迅速に対応できるように通常の当直体制よりも人数を増やして配置につく。

どのように人員を増員するかは船会社によっても異なり，船によっても違いがある。機関長，一等機関士，操機長ならびにその入出港や投揚錨時間帯の当直要員で配置につくことが多い。

状況によっては機関部乗組員全員で配置につくこともあり，一概に決められない。また，人員の配置場所は機関制御室の配置によって異なり，機関制御室が機関室の外にある船は機関制御室および機関室に要員を配置し，機関制御室が機関室内にある船は全要員が機関制御室で配置につく。また，内航船では機関長または一等機関士が船橋でテレグラフの操作をする船も見られる。

(ニ)　停泊中

Ｍ０当番要員を除く全員が保守整備作業に従事する。保守整備作業は停泊中にしかできない主機関関連を主に行う。また，燃料油や潤滑油の補給作業および船用品等の積み込み作業も必要に応じて行う。

②　非Ｍ０船

航海中，停泊中を問わず当直要員が機関室に配置されている船を指すが，このような船は当直要員と整備要員が必要となり，Ｍ０船に比べ乗組員数は多い。

(イ)　航海中

機関士１名と部員１名〜２名の当直要員が４時間当直，８時間休息のパターンで入直するため，当直要員としては機関士３名。部員３名〜６名が必要となる。

当直時間割はＭ０船の沿岸航行中，狭水道・運河通航中の当直時間割と同様である。

(ロ)　沿岸航行中，狭水道・運河通航中

Ｍ０船と同様な体制をとる。

(ハ)　入出港時

Ｍ０船と同様な体制をとるが，配置は機関室となる。

(ニ)　停泊中

３人の停泊当直要員が４時間当直，８時間休息の体制により停泊当直に入直する。停泊当直要員は部員をあてる。

停泊当直要員以外は保守整備作業や補給作業に従事する。

1.3　担当する機器

1.3.1　舶用プラント

船舶は主機単体で動かすことはできない。主機関を運転するために必要な燃料油や潤滑油，冷却清水，冷却海水を輸送するポンプ。冷却や加熱をするための熱交換器。主機関の始動や操縦に必要な圧縮空気をつくる空気圧縮機，圧縮空気をためる主空気槽。加熱や蒸気タービンの駆動に使用する，蒸気を発生するボイラ。ポンプや圧縮機の駆動用モータや照明，航海計器等の電源となる発電機。操船を行う操舵装置。係船や荷役に必要な甲板装置。貨物や食材を保冷するための冷凍装置。船内の冷暖房を行う空調装置。海水から清水をつくる造水器。これら，様々な機器が組み合わさって船が動く。推進力を発生させる機関を主機関と呼び，主機関および推進装置以外の機器を補機と総称する。発電機も重要補機のひとつになる。機関士はこれら船に搭載されている機器類について精通しておかなければならない。図1.1にディーゼル主機関の舶用推進プラントの概略を示す。

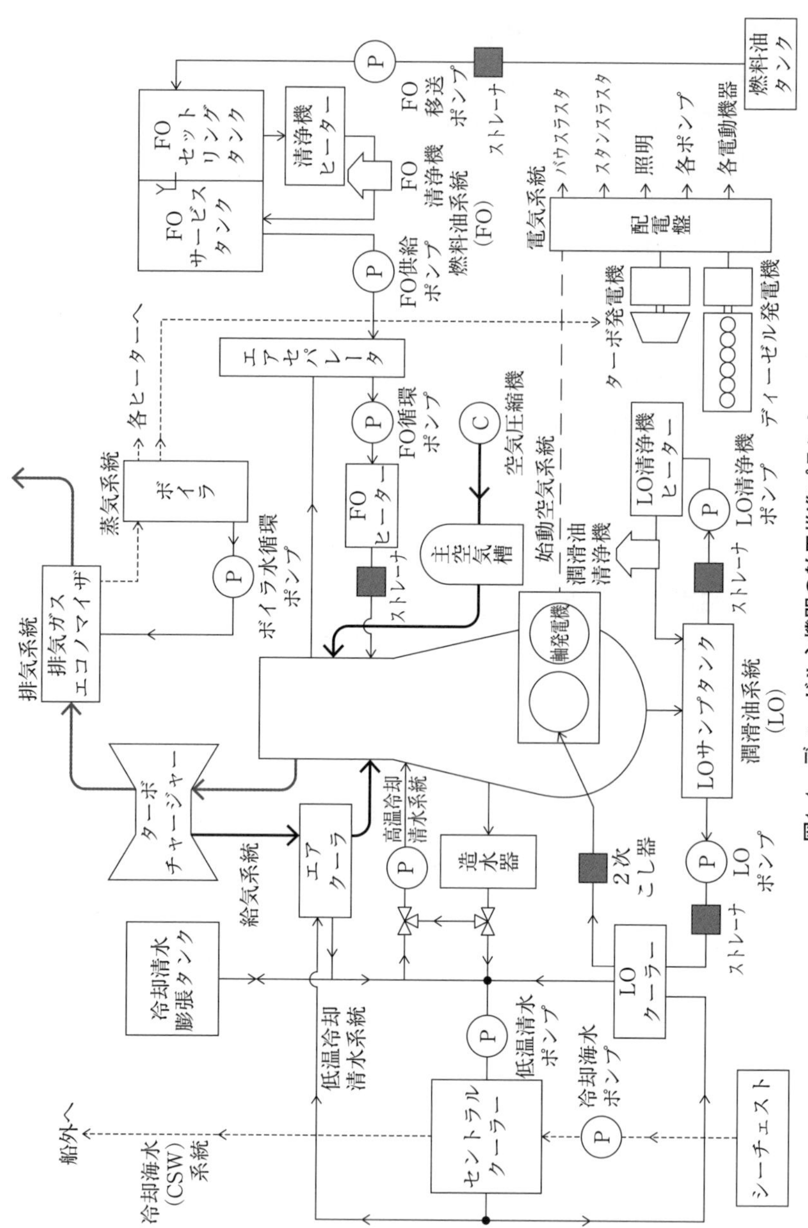

図1.1　ディーゼル主機関の船用推進プラント

1.3.2 主機関

船を動かすためのプロペラを回転させるためのエンジンであり，もっとも重要な機関である。機関の種類や出力は船の種類，船の大きさ，就航する航路，などにより異なる。

(1) 機関の種類

① ディーゼル機関

ディーゼル機関は，商船において圧倒的に使用されている機関である。ディーゼル機関は小型で高速のものから大型で低速のものまで各種存在する。船舶で用いられるディーゼル機関の種類について表1.2にまとめる。

中速機関や高速機関では減速機で回転数を減少させプロペラに伝える。大型船でもフェリーなどは，車両甲板のスペースを広く取るため，機関室の高

表1.2 船用ディーゼル機関の種類

種別	高速 (1,000[min^{-1}]～)	中速 (300～1,000[min^{-1}])	低速 (～300[min^{-1}])	
サイクル	4	4	4	2
出力	～1,200[kW]	約300～15,000[kW]	約900～3,300[kW]	約2,000～840,000[kW]
シリンダ直径(ボア)	約～20[cm]	約20～60[cm]	約20～50[cm]	約30[cm]～1[m]
行程長(ストローク)	約～20[cm]	約30[cm]～60[cm]	約40[cm]～90[cm]	約1[m]～3.5[m]
燃料消費率[g/kW・h]	200～210	190～210	170～200	160～180
主な使用燃料	A重油，軽油	C重油，A重油，軽油	C重油，A重油	C重油
主機として搭載される主な船種	小型船，高速船	中型船，フェリー	中型船	大型船

※一般的に小型船は20トン未満の船，中型船は20トン以上3,000トンまでの船，大型船は3,000トン以上の船を指す。

さを低く抑えるのに，中速機関を採用することが多い。現在，2サイクルディーゼル機関の出力は大きなもので8万kW（11万馬力）に達し，熱効率も50％超と非常に高い。以下に舶用大型2サイクルディーゼル機関の特徴を示す。

① 低回転数である。60～200［min^{-1}］
② シリンダ直径が大きい。約30［cm］～1［m］
③ ストロークが非常に長い。約1［m］～3.5［m］
④ 圧縮比が高い。
⑤ 燃料消費率が低く，省エネである。
⑥ 低質の燃料油が使用できる。
⑦ 逆転することができる。

近年，電子制御式ディーゼル機関の出現により，燃料消費率の低減が進んでいる。電子制御式ディーゼル機関では，従来型のディーゼル機関のカム軸による伝達部など機械的運転部分をなくし，燃料噴射や排気弁開閉等の制御をコンピュータにより行うことで，低負荷から高負荷まで，最適な燃焼状態にすることにより効率のよい運転を可能としている。また，大気汚染物質の排出低減を目的とした，石油燃料と液化天然ガス（LNG）の両方を燃焼することができるデュアルフューエルディーゼル機関も出現している。大型2サイクルディーゼル機関を図1.2に示す。ディーゼル機関の詳細は第5章内燃機関で説明する。

② 蒸気タービン機関

1970年頃まで大出力のディーゼル機関はなく，3万kW以上の出力を必要とする船の主機関には蒸気タービン機関が使われることが多かった。主機用蒸気タービン機関を図1.3に示す。ディーゼル機関の高出力化に伴い，燃料消費率の大きい蒸気タービンが主機関として搭載される船舶はLNG（Liquefied Natural Gas：液化天然ガス）運搬船でのみ残った。LNG運搬船は天然ガスを－162℃に冷却することにより600分の1に圧縮，液化して輸送しているが，積み込まれているタンク内のLNGが外部から侵入する熱により加熱

図1.2　大型２ストロークサイクルディーゼル機関
［提供：株式会社ジャパンエンジンコーポレーション］

され，その一部が蒸発する。これをBOG（Boil Off Gas・ボイルオフガス）という。BOGは処理をしないとタンク内の圧力が上昇し危険であるため，ボイラの燃料として使用し，発生した蒸気を使って蒸気タービン主機関を駆動する。近年ではLNGを燃焼することのできるデュアルフューエルディーゼル機関やBOGの再液化装置の登場により，蒸気タービンを主機関とする船の新造は見られなくなった。蒸気タービンを主機関とする船は淘汰されたが，大型ディーゼル機関を主機関とする船で，主機関から出る高温の排気ガスを利用して蒸気を発生させ，その蒸気で蒸気タービン発電機を駆動させたり，原油タンカーにおいて荷役ポンプを蒸気タービンで駆動させたりしている。蒸気タービン機関の詳細は6.2で説明する。

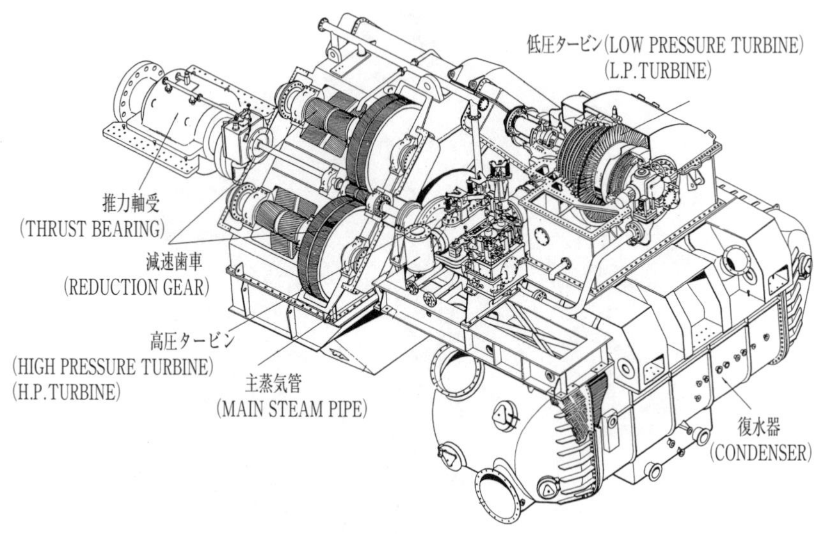

図1.3 主機用蒸気タービン機関

③ ガスタービン機関

ガスタービン機関は圧縮した空気中に燃料を噴射して燃焼させ，その燃焼ガスでタービンを回して動力を発生させるものである。小型で高出力が得られ，起動性に優れているといった特徴があるが，燃費が悪いため商船ではジェットフォイルくらいでしか採用されていない。ガスタービン機関が搭載される船舶の多くは艦艇である。また，電力消費量の大きい海外の大型クルーズ客船においてガスタービンと蒸気タービンを組み合わせたコンバインドサイクル発電による電気推進船が就航している。ガスタービン機関の詳細は6.3で説明する。

④ 電気推進機関

現在就航している電気推進船の多くはディーゼルエレクトリック方式で，これはディーゼル機関で発電機を駆動し，その発生電力で電動機を回し，プロペラを回転して推進する方式である。電気推進機関を図1.4に示す。ディーゼルエレクトリック方式はディーゼル機関を主機関とする船舶と比べ

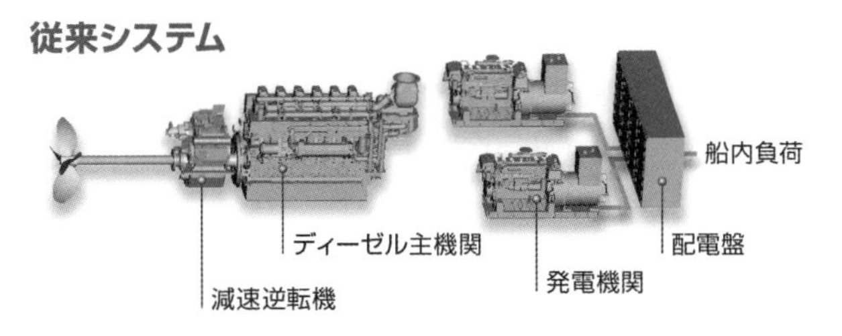

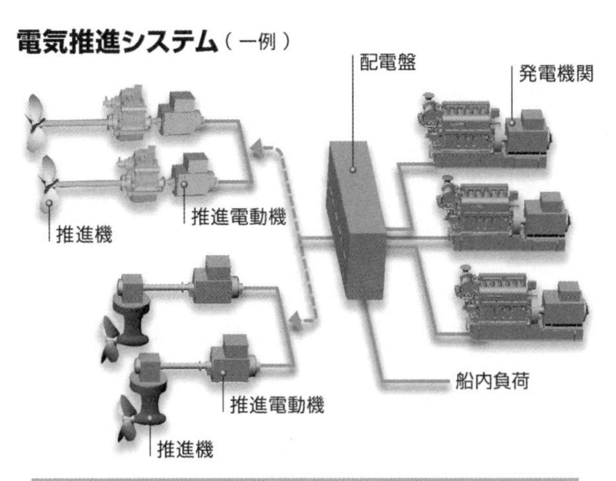

船種・用途に応じた最適なシステム構成が選択可能です。

図1.4　電気推進機関［提供：ヤンマーパワーテクノロジー株式会社］

て伝達効率では劣るが，船内負荷に応じて発電機の運転台数を調整することにより経済的な運航が可能となる。また，機関室内のレイアウトの自由度が高くなり，推進抵抗を低減した船型にすることで総合効率の向上を図ることができる。その他のメリットとして，ディーゼルエンジンを主機関とする船舶の場合，主機関と発電機関の２種類のエンジンを搭載することになるが，電気推進船では発電機関を１種類にして複数台搭載することで，冗長性を持たせ，予備品の管理コストの削減，メンテナンス性の向上にもつながる。ディーゼル主機関の場合，運転効率の悪い低負荷域を避けて運転するが，電気推進では低負荷域から高負荷域まで幅広い負荷範囲に柔軟に対応できるため，調査船で普及している。また，充電池の性能向上に伴い，短距離を航行する船舶で発電機を搭載しない電池方式の電気推進船も就航している。今後，大気汚染物質の排出低減や自律運航船の実用化に向けて電気推進船の普及が進むと考えられる。

(2)　機関の出力

機関の出力の単位はキロワット（kW）で表されるが，馬力（PS）で表されることも多い。キロワットと馬力の関係は次の式で表される。

1 [PS] = 0.7355 [kW]

（0.7355を「おおなみゴーゴー」と読むと覚えやすい。）

出力の単位の詳細は第2章を参照のこと。

代表的な大型商船の船種ごとの大きさと主機出力および速力について表1.3にまとめる。

表1.3　船種ごとの大きさと主機出力および速力

船種	総トン数 全長×全幅	主機出力	速力	積載量
コンテナ船	211,000トン 399.9[m]×60[m]	82,500[kW] 112,170[PS]	22ノット	20,200TEU※1
原油タンカー VLCC※2	160,000トン 333[m]×60[m]	28,000[kW] 38,070[PS]	15ノット	33万[m^3] 30万重量トン
自動車運搬船 PCC※3	70,000トン 199.9[m]×36[m]	12,000[kW] 16,320[PS]	20ノット	普通自動車 約7,000台

※1　TEUとはISO基準の20フィートコンテナで換算した積載数
※2　VLCCとはVery Large Crude oil Carrierの略で20万重量トン以上の大型原油タンカー
※3　PCCとはPure Car Carrierの略
※4　1ノット = 1.852［km/h］

VLCCとコンテナ船の総トン数（船の大きさ）を比べると，コンテナ船は1.3倍程度大きいが，エンジンの出力では約3倍も大きい。これは，VLCCのスピードが15ノット（27.28km/h）に対してコンテナ船のスピードが22ノット（40.74km/h）と高速のためである。コンテナ船はジャストインタイムに応え

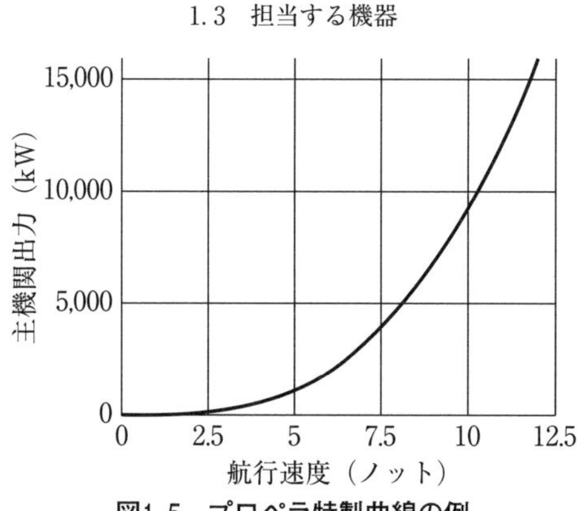

図1.5　プロペラ特製曲線の例

るためスピードが求められる。重量を２倍運ぶには，出力は２倍になるが，スピードを２倍にするには出力は８倍にもなる。同様に燃料消費量も８倍になる。スピードと出力の関係は３乗に比例し，この関係をプロペラ特製曲線と呼ぶ。プロペラ特製曲線の例を図1.5に示す。この関係からスピードを求められるコンテナ船の主機関の出力はVLCCに比べてかなり大きいものになっている。また，船舶において経済運航のもっとも有効な方法の一つとして減速運転があげられる。

1.3.3　推進装置

㈠　推進器

船を走らせるための装置で次のような種類がある。

①　スクリュープロペラ

プロペラとは気体や液体のような流体の中で回転して，回転軸の方向に推進力を生みだす装置をいう。

プロペラは基本的には「ねじ」で，回転すると空中や水中を進むが，これはボルトがナットの中を動くのと同じである（序論参照）。ねじプロペラは２～５枚の羽根でできており，各羽根はそれぞれねじ山の形をしたらせん形をしている。

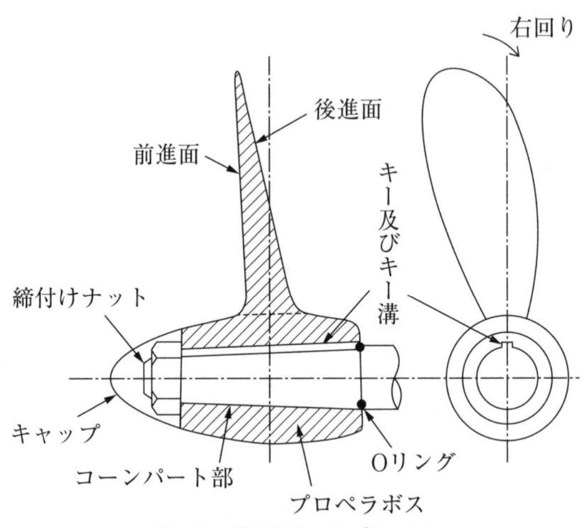

図1.6　固定ピッチプロペラ

ねじプロペラには次の4種類がある。

(イ)　固定ピッチプロペラ

プロペラピッチ（プロペラが1回転した時に理論的に進む距離）が変えられないプロペラをいう。図1.6に固定ピッチプロペラを示す。

後進の際はプロペラを反転する必要があるため，主機関自体を逆転させるか，逆転機構を使用する必要がある。後述の可変ピッチプロペラに比べて構造が簡単であり，大型のものも製作できるため多くの船に使用されている。

(ロ)　可変ピッチプロペラ

運転中，プロペラピッチが自由に変えられるプロペラでこのプロペラを装備している船は主機関の回転方向を変えることなく後退することができる。船尾方向から見た回転方向が時計方向の可変ピッチプロペラの前後進時の羽根の動きを図1.7に示す。

このプロペラはプロペラボスの内部にプロペラピッチを変えるための機構（変節機構）とプロペラ軸内に変節機構を動かす油圧装置を設けるため

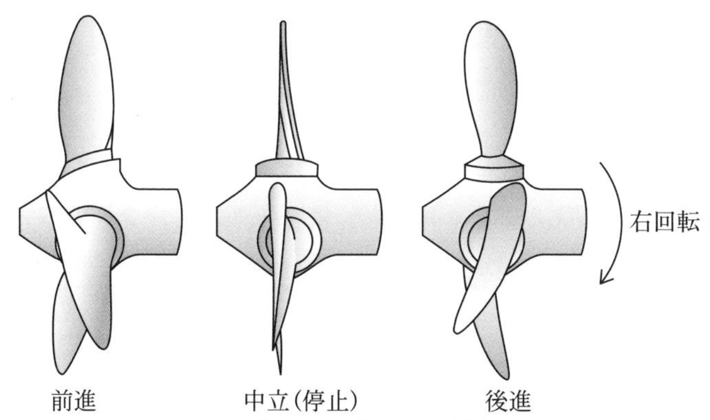

図1.7　可変ピッチプロペラの羽根の動き

構造が複雑となるが，次のような利点があり客船，フェリーなどに装備されることが多い。

(a)　主機関の回転方向は一定であるため，ディーゼル機関では逆転機構，蒸気タービン機関では後進タービンが不要となり，そのぶん構造が簡単となる。

(b)　前進，後進，停止が簡単にできるため操船が容易となる。

(c)　船体の汚れや時化のため回転数が低下した場合，プロペラピッチを変更することにより回転数の低下をさけることができる。

(ハ)　二重反転プロペラ

プロペラピッチが反対のスクリュープロペラを重ねて配置し，それぞれを逆回転することにより発生した回転流を打ち消し，推力を向上させることができる。

(ニ)　アジマススラスター

プロペラが水平方向全周に向きを変えることにより操船することができるため舵が不要である。船を任意の方向に移動させたり，現在位置を正確に維持させたりすることを得意とする。船内の原動機に直結した動力軸を用いて機械的に伝達する方式と，プロペラとポッド内のモータを直結して動かす電気推進方式がある。操船性に優れていることから，タグボートや調査船などに装備されることが多い。

② ウォータージェット

ポンプで加圧した水をノズルから噴射して，その反動で進むものである。ノズルの向きを変えることにより前進,後進,旋回が可能であり,また,船外にプロペラのような運動部分がないため損傷を受けにくいなどの利点がある。

③ 外車

水車のような車輪を船の両舷に取りつけて，これを回転させて船を進めるものであるが，観光船などの特殊な船に使用されているのみである。

④ フォイトシュナイダープロペラ

主機関によって駆動される垂直軸に円盤（回転車）を取り付け，この円盤の周りにすき型の羽根を４～６枚程度植え込んである。円盤の回転と共に羽根も回転し，この羽根自体も向きを変えられる構造となっており，この向きを調節することにより進行方向を任意に変えることができる。タグボートなどに装備されるが国内ではあまり見られない。

㈡ 軸系

主機関とプロペラを連結する一連の軸を軸系と称する。

軸系は図1.8に示す軸で構成される。軸系の数はプロペラの数だけあることになり，プロペラが１個の船は１軸船，２個ある船は２軸船と呼ぶ。また，１つの軸系が何台の主機関で駆動されているかということを示すために次のような呼び方をする。１台の主機関で１つの軸系と１つのプロペラを駆動する場合を１機１軸船，２台の主機関で１つの軸系とプロペラを駆動する場合を２機１軸船などとよぶ。

① スラスト軸・スラスト軸受

プロペラが回転することにより生ずる推力を船体に伝える役目をもつ軸であり，軸系の最前部に取り付けられる。この軸は鍛鋼製で軸と一体のスラストカラーと呼ばれるつばをもち，船体に固定されたスラスト軸受にこのスラストカラーを当てることにより，プロペラの推力を船体に伝達する。

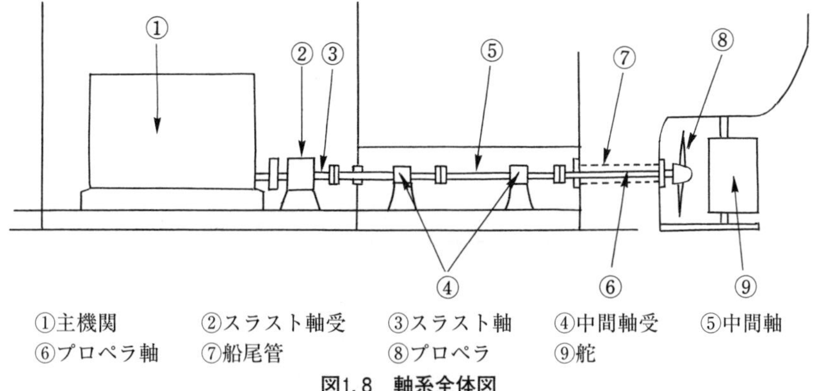

図1.8　軸系全体図

②　中間軸・中間軸受

主機関の出力をプロペラ軸へ伝達するのが役目であり，主機関とプロペラが離れているほど中間軸系の長さは長くなる。中間軸を支えている軸受を中間軸受という。

③　プロペラ軸・船尾管軸受

プロペラ軸には中間軸を経て伝えられる主機出力，プロペラ重量およびプロペラが回転することにより生ずる振動などによる力が作用するため十分な強度が求められる。プロペラ軸を支える軸受は船尾管軸受(スタンチューブ)とよばれ，油潤滑式と海水潤滑式の２種類ある。大型船舶では油潤滑式船尾管軸受が採用され，中小型船舶では海水潤滑式船尾管軸受が採用される。油潤滑式船尾管軸受は潤滑油が船外および船内へ漏れ出さないよう軸封（シール）装置を船尾管軸受の船外側と船内側の両方に取り付ける。また，最近では潤滑油が船外に漏れ出すことを防ぐために船外側シール部に圧縮空気を供給して確実に遮断をおこなうエアシール式油潤滑船尾管軸受が採用されている。エアシール式油潤滑船尾管軸受を図1.9に示す。海水潤滑式船尾管軸受の潤滑は海水をプロペラ軸に沿って流し，船外へ流出するため軸封(シール)装置は船内側にのみ取り付ける。海水潤滑式の軸受部は合成ゴムや樹脂が用いられている。海水潤滑式の軸では海水による軸の腐食に対しての考慮が必要である。海水潤滑式船尾管軸受を，図1.10に示す。プロペラ軸の強度は法律により計算式が定められており，それに従って計算する。

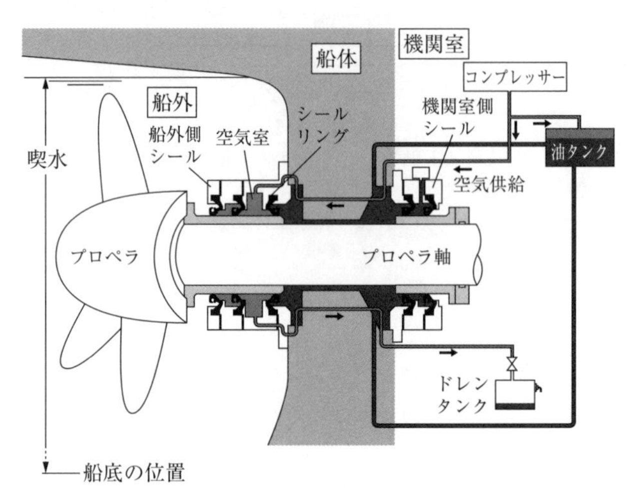

図1.9　エアシール式油潤滑船尾管軸受［提供：イーグル工業株式会社］

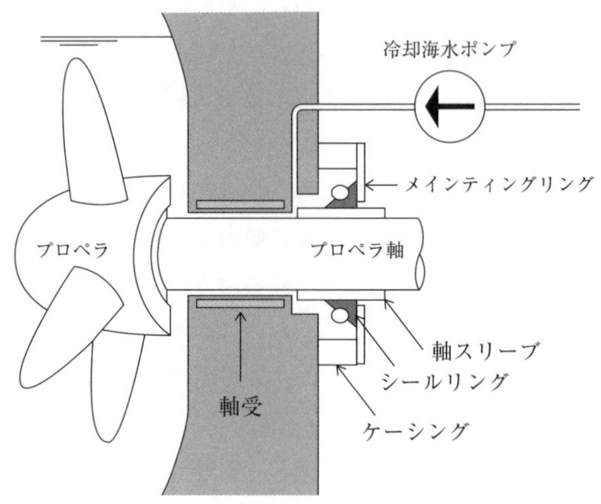

図1.10　海水潤滑式船尾管軸受

1.3.4　発電装置

現在の船舶は電気がないと，船としての機能を全く発揮できない。したがって，発電装置は船を動かすための基本的装置ということができる。現在，発電機は三相交流，電圧440V，周波数60Hzのものを使用するのが一般的である。照明機器などには100Vに降圧して，バウスラスター用には3,300Vに昇圧して給電する。また，制御装置など直流24Vを必要とする機器には交流を整流装置で直流に変換して給電する。発電装置は負荷変動が大きい場合でも周波数を一定にする必要性から，船舶設備規程において発電機を駆動する原動機には，指定された負荷を急激に除去し，又は，加えた場合，瞬間において10パーセント以内及び制定後5パーセント以内に速度変化を制御できる調速機を備えつけなければならないと規定されている。船舶に搭載される発電装置についてその概略を説明する。

(1)　ディーゼル発電装置

発電機を駆動する原動機がディーゼル機関の発電装置をいい，原動機には4サイクル機関が使われる。普通2～3台程度が装備されるが，コンテナ船のように冷凍コンテナを多数積む船は大電力を必要とするため，これよりも多い台数のディーゼル発電装置を装備する。

(2)　蒸気タービン発電装置

発電機を駆動する原動機が蒸気タービン機関である発電装置をいい，この発電装置は主機関が蒸気タービンである船舶には必ず装備される。また，主機関として大型のディーゼル機関を搭載した船舶にも蒸気タービン発電装置が使われることがある。これは主機関から出る高温の排気ガスによって蒸気を発生させ，蒸気タービン発電装置によって排気ガスの有する熱エネルギを電力の形で回収してプラント全体の効率のアップを図る目的で設置される。蒸気タービン発電機のことをターボ発電機と呼ぶ。蒸気タービン発電装置は蒸気タービンの運転準備および停止後の作業に時間がかかるものの，ディーゼル機関に比べて整備箇所が少なく，整備間隔も長いため，いったん起動すると長時間連続して運転することが多い。

(3)　軸発電装置

ディーゼル主機関とプロペラを連結する中間軸またはディーゼル主機関の船首側に発電装置を取りつけて，主機出力の一部を電力に変えて，船内負荷に給電する装置である。軸発電装置の概略を図1.11に示す。この装置を使うと，航海中は他の発電装置を休止することができるため，発電装置の運転時間が少なくなり，それにともなって整備に要する手間も節減できる。また，運転効率の良い主機関を使って発電するため燃料の節減にもなる。周波数を一定にするために，主機回転数が一定である可変ピッチプロペラ船が有利であるが，固定ピッチプロペラ船においても，設定回転速度の範囲内で回転数を機械的に一定にできるオメガクラッチや，電気的に周波数を調整するサイリスタインバータなどがある。また，軸発電機を推進用のモータとして利用することができる船も存在する。

(4)　非常用発電装置

非常用発電装置は機関室の火災やその他の災害によって主電源が使用できなくなった場合に使用する非常電源設備で，最上層の全通甲板の上方で，暴露甲板より容易に接近できる位置に設けられなければならないとされている。非常

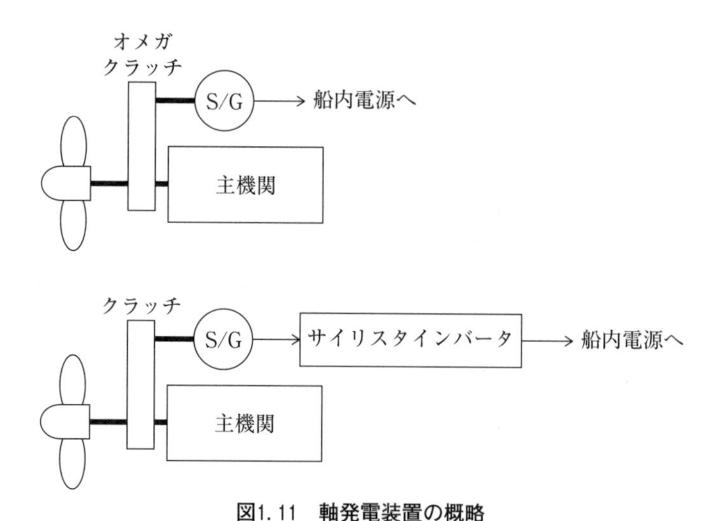

図1.11　軸発電装置の概略

用発電機が納められている非常用発電機室には非常用発電機のほかに，非常用の配電盤，空気圧縮機，空気槽，燃料タンク，換気設備が設けられている。非常用発電装置はディーゼル発電装置が一般的であるが，機付のラジエターにより冷却され，外部からの冷却海水等の供給が不要である。また，冷却水が不要という点からガスタービン発電装置を設置する例もある。

⑸　その他

艦艇などではガスタービン発電装置が搭載されている船舶もある。また，ディーゼル主機関に付属する排気ガス過給機に発電機を接続して発電するシステムや，排気ガスにより駆動するパワータービン発電機なども存在する。

1.3.5　ボイラ

ボイラとは燃料を燃焼させて生じた熱エネルギを水に伝え，所要の蒸気を発生させる装置である。燃料を燃焼させて熱を発生させるための燃焼装置・燃焼室，内部に水を入れておいて外部から燃料を燃やした熱を伝えて所定の圧力の蒸気を発生させるボイラ本体（ドラム，水管，煙管），ボイラ本体で発生した蒸気の温度を飽和温度以上に過熱するための過熱器・ボイラ本体に送り込む水（給水）をボイラから排出された燃焼ガスの余熱で加熱するための節炭器・燃焼用空気を節炭器と同様に燃焼ガスの余熱で加熱する空気予熱器などの付属伝熱面および通風装置などのその他の付属機器より構成される。船舶では蒸気タービン船用のボイラを主ボイラ，ディーゼル船に搭載されたボイラを補助ボイラと呼ぶ。蒸気は船内の次のような機器および場所で使用される。主機関が蒸気タービンの船では主機関・発電機や給水ポンプ（ボイラへ水を送るためのポンプ）の駆動用，給水・燃焼用空気などの加熱用として使われる。またディーゼル機関を主機関として搭載する船では主機関やディーゼル発電原動機へ供給する燃料油の加熱用として使用される。さらに，主機関の種類には関係なく燃料油や潤滑油を清浄（油中のゴミや水分を取り除くこと）する際の燃料油や潤滑油の加熱用，シャワー・風呂用の清水の加熱，暖房や調理の熱エネルギ源としても使われる。ボイラにはいろいろな種類があるが，ボイラの構造，水および蒸気の流動などから水管ボイラ，丸ボイラ，特殊ボイラに分類することができる。ボイラの詳細は6.1で説明する。

1.3.6 補 機

補機は船舶に搭載されている，主機及び推進装置以外の機械類を総称したものである。燃料や冷却水を供給するポンプや，始動空気を供給する圧縮機，給気を機関室内に送り込む送風機，冷却を目的とした熱交換器など，主機の補助をする機械から補機と呼ばれる。これらは機関室補機に分類される。甲板上に設置される係船装置，荷役装置，操舵装置も補機に含まれ，甲板機械に分類される。その他，冷凍・空調装置，造水装置，油水分離器，汚水処理装置，消火設備など様々な機械が存在し，船舶の運航を支えている。補機の詳細は第７章で説明する。

1.4 船舶における環境保全

地球環境の保全は，船員にとっても重要な使命の一つといえる。環境規制の強化に伴い，様々な装置が開発されている。ここでは船舶における環境保全について，その問題と対応策についてまとめる。

1.4.1 大気汚染対策

⑴ 硫黄酸化物（SOx）の排出対策

硫黄酸化物（SOx）は，低質燃料油中に存在する硫黄分が燃焼することにより発生し，酸性雨の原因となる。海洋汚染等及び海上災害の防止に関する法律施行令第十一条の十において一般海域では船舶に使用する燃料油中の硫黄分濃度の基準を0.5％以下とすることが規定されている。これに対応するため，硫黄分濃度0.5％以下の燃料油を使用するか，SOxスクラバと呼ばれる脱硫装置を使用する。硫黄分濃度0.5％以下にしたＣ重油を低硫黄Ｃ（LSC）重油という。SOxスクラバについて図1.12に示す。

⑵　窒素酸化物（NOx）の排出対策

窒素酸化物（NOx）は，空気過剰の元で高温燃焼することにより発生し，酸性雨や光化学スモッグの原因となる。海洋汚染等及び海上災害の防止に関する法律施行令第十一条の七において130［kW］以上のディーゼル機関の定格回転に応じ，定格出力当たりのNOx排出量の上限値が設定されている。基本的に新製されるエンジンは，一般海域における二次規制に対応しているが，特別海域における三次規制は一次規制の80%削減が必要で，エンジン単体では対応できないため，次のような方法で対応する。

①　選択的触媒還元（SCR：Selective Catalytic Reduction）脱硝装置

高温の排気ガス中に尿素水を吹きこみむと，加水分解をしてアンモニアが発生する。このアンモニアと窒素酸化物が化学反応を起こし，窒素と水に還元する。SCR脱硝装置について図1.12に示す。

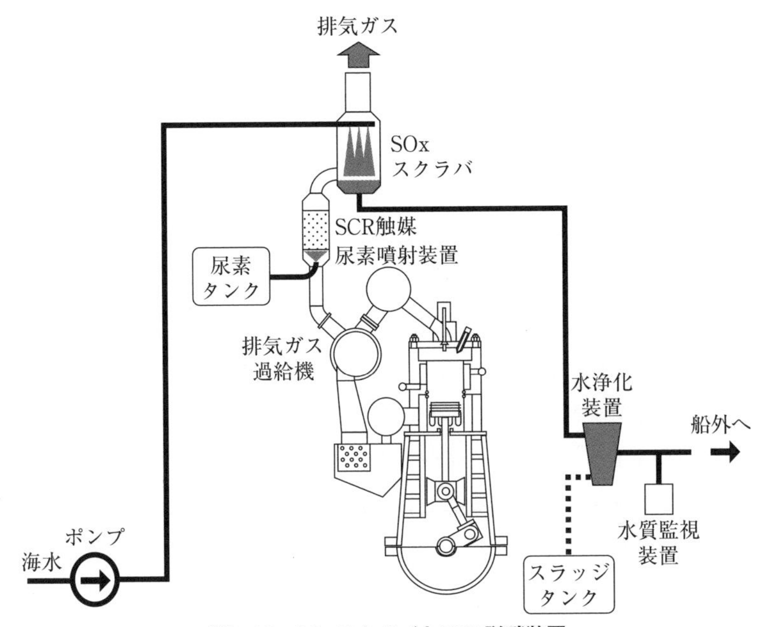

図1.12　SOxスクラバとSCR脱硝装置

② 排気ガス再循環システム（EGR：Exhaust Gas Recirculation）

エンジンからの排気ガスの一部を冷却・洗浄後に給気側へ再循環させることで，給気中の酸素含有量を下げ，燃焼時のNOx生成を抑制する。

(3) 温室効果ガス（GHG）排出対策

温室効果ガス（GHG：Greenhouse Gas）の中でも最も影響の大きいCO_2は，船舶の運航による化石燃料の消費により発生し，地球温暖化の原因となる。世界全体で排出されるCO_2のうち，約2％が国際海運から排出されている。国際海事機関（IMO）において国際海運からの温室効果ガス（GHG）の排出を「2050年頃までにゼロ」とする目標が掲げられ，化石燃料から代替燃料への転換や，船上での炭素回収技術などの研究・開発が急がれている。代替燃料として，CO_2を排出しないアンモニアや水素などのゼロエミッション燃料や，成長する過程でCO_2を吸収する植物由来のバイオ燃料，排出されたCO_2を再生したカーボンリサイクルメタンなどのカーボンニュートラル燃料の利用が検討されている。現在，代替燃料への橋渡しとしてLNG燃料船やLPG燃料船が建造されている。LNGやLPGは化石燃料に比べてCO_2の排出量が少なく，SOxやNOxの排出も圧倒的に抑えられる。また，風力や太陽光発電などの再生可能エネルギを利用した船舶も建造されている。

1.4.2 水生生物対策

バラスト水とは，荷物を積載していない船を安定させたり，プロペラの露出を防いだりするために積み込む海水のことで，国際海事機構（IMO）によると，世界で年間約100億トンのバラスト水が移動している。バラスト水中に含まれる水生生物が多国間を行き来することで，地球規模で生態系が撹乱されるなどの問題が生じている。このため，IMOにより「バラスト水管理条約」が採択され，国際航海に従事する総トン数400トン以上の船舶には型式承認を受けたバラスト水処理装置の搭載と，国際バラスト水管理証書の所持が義務付けられた。バラスト水処理装置は多くの種類が存在するが，主にフィルターやサイクロンにより分離する物理的な処理方法と，紫外線の照射や薬品等により殺減させる化学的な処理方法がある。一般的に，大きなプランクトンを物理的な方法で分離し，小さなプランクトンやバクテリアを化学的な方法で処理する。

バラスト水の問題のほかに水生生物への対策として，船体付着生物の規制や，船舶による水中騒音が海洋生物に与える影響などが議論されている。

■演　習　問　題■

1.1　「船舶職員及び小型船舶操縦者法」の職員と「船員法」上の職員の違いはなにか。

1.2　予防保全と事後保全について説明せよ。

1.3　船舶機関規則で定められているディーゼル主機関の危急停止要因を記せ。

1.4　ビルジを排出する場合に必要な条件を記せ。

1.5　船の運航に影響を及ぼすような突発事故が発生した場合，どのような点を念頭に置いて対処すればよいか。

1.6　舶用大型２サイクルディーゼル機関の特徴を記せ。

1.7　電子制御式ディーゼル機関とはどのようなものか簡単に説明せよ。

1.8　プロペラピッチについて説明せよ。

1.9　固定ピッチプロペラと可変ピッチプロペラについて説明せよ。

1.10　軸系を構成する軸の名称をあげ，おのおのを簡単に説明せよ。

1.11　発電装置についてどのようなものがあるか説明せよ。

1.12　大型ディーゼル機関を主機として使用している船に蒸気タービン発電装置が採用される理由はなにか。

1.13　船舶から排出される大気汚染物質にはどのようなものがあるか，またその対応策を記せ。

第2章　機関学基礎

2.1　単位系

2.1.1　基本単位と組立単位

物理量はその大きさと内容を客観的に示すために数値と単位で表される。単位のうち，長さ［m］，質量［kg］，時間［s］のように単位の基本になるものを基本単位といい，体積［m^3］，速度［m/s］，流量［m^3/s］のように基本単位を組み合わせたものや，力［N］，圧力［Pa］のように固有の名称をもつものを組立単位という。

2.1.2　国際単位系

すべての物理量は単位を用いてその大きさを表現することができる。しかし，同じ物理量でも基本量としてどのような量を選ぶかによって単位の表し方が異なる。従来，主として使われてきた単位系には，MKS単位系（m，kg，s），CGS単位系（cm，g，s），重力単位系（m，kgf，s）などがあるが，現在では，学問分野や国によってそれぞれに使用されている単位系を世界的に通用する統一された単位系の必要性から国際単位系（略称SI）が採用されている。

その内容は表2.1～2.6のように構成されている。

なお，従来から用いられている時間の単位min，h，体積の単位ℓ，温度の単位℃および質量の単位tなどはSI単位に含まれていないが，実用上，現在でもよく用いられる単位である。

2.1.3　単位の換算

国際的にSI単位へ移項しつつあるとはいっても，すでに刊行されている著書，文献および便覧は従来の慣用単位系を使用しているものが比較的多い。そ

表2.1　SI基本単位

量	単位の名称	単位記号
長さ	メートル	m
時間	秒	s
質量	キログラム	kg
電流	アンペア	A
熱力学温度	ケルビン	K
物質量	モル	mol
光度	カンデラ	cd

表2.2　SI補助単位

量	単位の名称	単位記号
平面角	ラジアン	rad
立体角	ステラジアン	sr

表2.3　組立単位の例

量	単位の名称	単位記号
面積	平方メートル	m^2
体積	立方メートル	m^3
速さ	メートル毎秒	m/s
加速度	メートル毎秒毎秒	m/s^2
密度	キログラム毎立方メートル	kg/m^3
濃度（物質）	モル毎立方メートル	mol/m^3

表2.4　組立単位の例（固有の名称をもつもの）

量	単位の名称	単位記号	定義
力	ニュートン	N	$kg \cdot m/s^2$
圧力	パスカル	Pa	N/m^2
エネルギ，仕事，熱量	ジュール	J	N・m
仕事率	ワット	W	J/s

表2.5 組立単位の例（固有の名称の単位を含むもの）

量	単位の名称	単位記号
粘度	パスカル秒	Pa・s
表面張力	ニュートン毎メートル	N/m
比熱	ジュール毎キログラム毎ケルビン	J/(kg・K)
熱伝導率	ワット毎メートル毎ケルビン	W/(m・K)

表2.6 SI接頭語の例

単位に乗ぜられる倍数	接頭語の名称	接頭語の記号
10^6	メガ	M
10^3	キロ	k
10^{-1}	デシ	d
10^{-2}	センチ	c
10^{-3}	ミリ	m
10^{-6}	マイクロ	μ
10^{-9}	ナノ	n

れらに掲載されているデータや数式を利用するためには，単位の変更にともなう数値の換算の方法を知っていなければならない。

ある単位を用いて表された量を別の単位に変換して表すことを単位の換算という。単位の換算はさまざまな分野で役立つ大切な作業であるからよく慣れておく必要がある。

例題 2.1 時速10km/hは何m/sになるか。

解答 1 km＝1,000m，1 h＝3,600sより，

$$10\text{km/h}=10\times\frac{1\text{ km}}{1\text{ h}}=10\times\frac{1,000\text{m}}{3,600\text{s}}\text{s}=2.78\text{m/s}$$

例題 2.2 水の密度1 g/cm^{3}をkg/m^{3}に換算せよ。

解答 1 g＝0.001kg＝10^{-3}kg 1 cm＝0.01m＝10^{-2}mであるから

$$1\,\mathrm{g/cm^3}=(1)\frac{1\,\mathrm{g}}{(1\,\mathrm{cm})^3}=(1)\frac{10^{-3}\mathrm{kg}}{(10^{-2}\mathrm{m})^3}=(1)\frac{10^{-3}\mathrm{kg}}{10^{-6}\mathrm{m^3}}=(1)\times10^3\mathrm{kg/m^3}$$

例題 2.3　種々の単位で示した下記の仕事および熱量を大きい順に左から並べよ。

1 PS　1 kW　1 kcal/s　1 kJ/s　1 kgf・m/s

解答　0.1757kcal/s＝0.7355kW＝0.7355kJ/s＝1 PS＝75kgf・m/sの関係より，答は1 kcal/s＞1 kW＝1 kJ/s＞1 PS＞1 kgf・m/sである。ここで，1 W＝1 J/sである。

この例題は上の等式の関係を知っていても単位の扱いに慣れていないと結構まごつく。「1ドル＝100円が1ドル＝120円になり円が20円安くなりました」と初めて聞いた時「あれっ」と一瞬考えてしまう人は少なくないはずである。これまでは1ドル札を手に入れるのに1円玉が100個でよかったのにこれからは120個いると聞いて初めて円の価値が下がったことを実感できたのではないだろうか。

マリンエンジニアとして仕事をしていく上で単位時間当たりの仕事（＝仕事率）を意味する馬力PSとWの換算および仕事や熱量の換算が即座にできることが大切である。従来の単位がSI単位に切り替わっても仕事の現場では従来の単位で記された計器や書物が残されている場合がある。従来の単位では仕事は「kgf・m」熱量は「kcal」であったがSI単位（質量系単位）では両方とも「kJ」を使う。

例題 2.4　体重60kgの人が乗った体重計に加わる力をkgfまたはNで示せ。

解答　加わる力は60kgfおよび60×9.8＝588Nである。

例題 2.5　$30\mathrm{kgf/cm^2}$に圧縮された空気がある。下記の手順に従い，MPaに単位換算せよ。

①　$30\mathrm{kgf/cm^2}$は何$\mathrm{kgf/m^2}$か。

②　1 kgf＝9.8Nである。$30\mathrm{kgf/cm^2}$は何$\mathrm{N/m^2}$か。

③　1 Pa＝1 $\mathrm{N/m^2}$である。$30\mathrm{kgf/cm^2}$は何Paか。またこれは何MPaか。

解答　①　$1\,\mathrm{cm^2}=1\times(10^{-2}\mathrm{m})^2=10^{-4}\mathrm{m^2}$である。よって，

$$30\mathrm{kgf/cm^2}=\frac{30\mathrm{kgf}}{1\,\mathrm{cm^2}}=\frac{30\mathrm{kgf}}{10^{-4}\mathrm{m^2}}=3.0\times10^5\mathrm{kgf\ m^2}$$

②　$9.8\times3\times10^5\mathrm{kgf/m^2}=2.94\times10^6\mathrm{N/m^2}$

③　$1\,\mathrm{MPa}=10^6\mathrm{Pa}$より$2.94\times10^6\mathrm{N/m^2}=2.94\times10^6\mathrm{Pa}=2.94\mathrm{MPa}$

2.2　数値データの取り扱い方

2.2.1　測定値と誤差

通常，実験などで取り扱う数値の大部分は，真の値からの誤差を含む測定値である。測定値は一般に真の値とは異なる。誤差および誤差率を次のように定義する。

誤差＝測定値－真の値

誤差率＝誤差/真の値

誤差には計器または測定器そのものによる誤差，測定者の目測による誤差および測定環境による誤差などがある。そのため，測定で得られた数値を用いた計算などには誤差が含まれることを認識し，JIS規格にも記載されている数値の丸め方に十分に注意をする必要がある。

2.2.2　有効数字

最小目盛がmmの物差で長さを測定し，１目盛の１/10を目分量で判定して測定値を得たとする。この場合，0.1mmの位の数字（小数点の右の値）はそれ以下を四捨五入することで得られたため，他の誤差がないとするとこの測定値には±0.05mm以内の誤差があると考えられる。

ある棒の長さを測定し，10.3mmという値を得たとする。予想されることは，測定誤差がないとしても，真の値は10.25mm＜真の値＜10.35mmの範囲にあるということ，測定誤差を含めて末位の数字に±１程度の最大誤差があると考えられるときは10.2mm＜真の値＜10.4mmの範囲にあるということである。この数値の有効数字は３桁である。

2.2.3　有効数字の表示

有効数字が３桁，４桁などで絶対値の大きな数値または小さな数値を表示するには10の累乗を用いる。たとえば，２万２千キロメートルという数値の有効数字を２桁，３桁，４桁であるとすると，それぞれ次のようになる。

2.2×10^4km，2.20×10^4km，2.200×10^4km

2.2.4　有効数字の決め方

① 答えの有効数字の桁数が指定されている場合には，それより1桁多く算出し，四捨五入によって所定の桁数にする。

② 答えの有効数字の桁数が指定されていなくても，問題中に用いられている数値が22.0とか，9.24±0.1などのように示されていて，どの数値も桁数が等しい場合は「答も3桁」と指定されていると理解してよい。

③ 答えの有効数字の桁数の指定がなく，問題中の数値の有効数字の桁数も指定されていない場合，計算値の有効数字の桁数は計算材料の桁数と等しくとる。計算値の累乗および乗根の桁数も同様にする。

④ 計算材料に有効数字の指定されていない場合，種々の桁数の数値が混在しているときは最小の有効数字の桁数で計算結果を表す。たとえば，2桁，3桁，4桁であれば2桁，3桁と4桁ならば3桁とすればよい。

⑤ 計算が2操作以上にわたるとき，最終の計算操作以外の中間の計算結果である中間値の有効数字の桁数は計算材料の桁数あるいは答えに指定されている桁数よりも1桁多くとる。

2.2.5　特殊グラフ

測定は2つまたはそれ以上の数値の数学的関係を求めるために行なわれることが多い。その場合，変数間の傾向はグラフに描くことによって，具体的な関係を理解することが比較的多い。一般に，グラフを描くのに使用される方眼紙の大部分は等間隔で直交する直線群で作られている等分目盛の普通方眼紙である。しかし，変数間の関係をできる限り描きやすい形（たとえば，直線）にする場合や数式にするための予備手段に使う場合，通常の等分目盛の方眼紙が適さないことがある。

未知の関数関係の2変数を等分目盛の方眼紙にプロットしてグラフを作成して曲線が得られたとき，この変数間の関係を示す方程式を求めるには相当複雑な計算を必要とする。

たとえば，$y=1/x$というグラフを等分目盛の方眼紙に縦座標にy，横座標にxをとってプロットすると，図2.1のような曲線になる。もし，縦座標にy，横座標に（$1/x$）をとって同じようにプロットすると，原点を通る勾配１の直線となる。しかし，横軸の値よりxの値を知るためには計算が必要となる。この場合，横軸にxに基づく不等分目盛をとるとxの値が直接読み取れる。

方眼紙の目盛は等分目盛である必要も，２つの座標軸の目盛が等しいことも必要ではない。変数の関数関係を最もうまく表現できる目盛を採用して差し支えない。

以下に，工学計算によく用いられる対数目盛と称される不等分目盛方眼紙について説明する。

(1)　両対数方眼紙

両対数方眼紙を作るにはx軸およびy軸上に常用対数XとYの等分目盛を刻み，この２つの対数の等分目盛に基づいて真数xとyの不等分目盛をつける。常用対数目盛上での１の増分を示す区間を１周期と呼び，これに相当する真数の値は互いに10倍である。周期の発端に定められる真数は通常の10のベキ数で0.1，１，10である。すなわち，図2.2に示すように対数の等分座標系の原点は

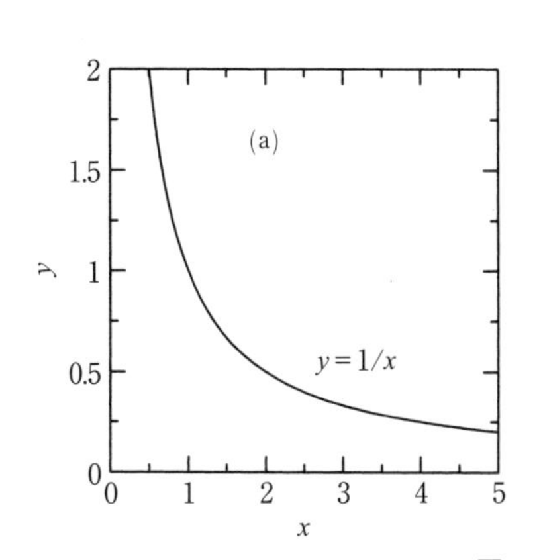

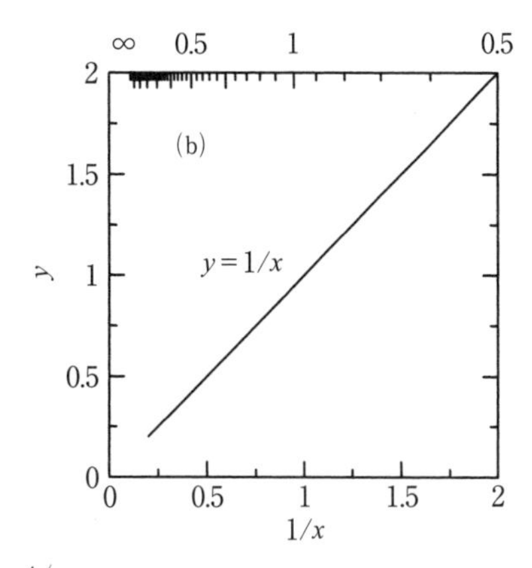

図2.1　$y=1/x$

真数目盛上の（１，１）に相当する。市販の両対数方眼紙では対数の等分目盛ではなく，真数の不等分目盛が網の目に区切られている。

定数aとb，変数xとyの一般式が

$$y = ax^b$$

で表される方程式において両辺の対数をとると

$$\log y = b \log x + \log a$$

となる。これは$X = \log x$と$Y = \log y$をすると，変数XとYの関係は直線の関係となる。

(2)　片対数方眼紙

同じ桁数で変化する変数と数桁の範囲を変化する変数をグラフで示す場合には等分目盛方眼紙も両対数方眼紙も適当とはいえないことがある。このような場合に片対数方眼紙が用いられる。

この方眼紙は，座標系の一方に等分目盛他方に対数目盛が区切られている。

定数aとb，変数xとyの一般式が

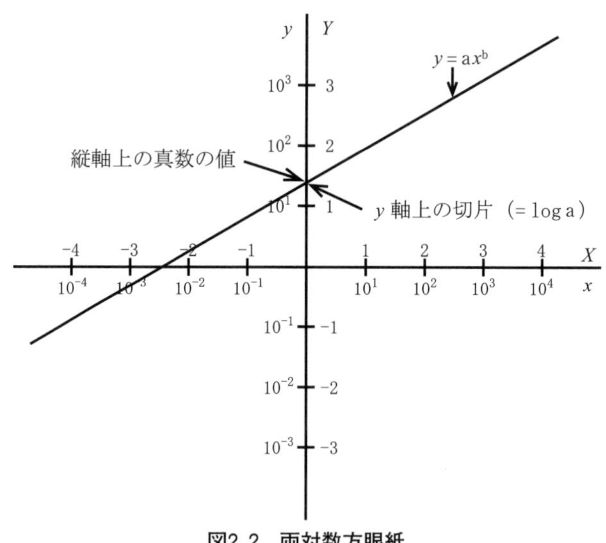

図2.2　両対数方眼紙

$$y = ab^x$$

で表される方程式において，両辺の対数をとると

$$\log y = x \log b + \log a$$

となり，yを対数目盛に，xを等分目盛にとると直線を得ることができる。

2.3　機関算法

2.3.1　力と仕事の関係

(1)　力

静止している物体を動かし始めたり，運動中の物体の速度を変えたり，あるいは，運動の方向を変える原因を力という。

①　力の単位

(イ)　ニュートン［N］：1ニュートン［N］は質量1kgの物体に1m/s²の加速度を生じさせる力である。1[N]＝1[kg]×1[m/s^2]で力をF，質量をm，加速度をaとすれば，

F[N]＝m[kg]×a[m/s^2]で，力は質量と加速度の積で求められる。

地表上のあらゆる物体には，重力（引力）による重力加速度（g）が作用している。gは質量の大小にかかわらず，地表上でほぼ一定で，g＝9.80665≒9.8m/s^2である。物体の質量を30kgとすれば，力の大きさは，

力(F)＝30×9.8＝294[N]となる。

(ロ)　キログラム重：従来用いられていたkg重［kgf］は質量1kgの物体に働く重力と同じ大きさの力で，

1kgf≒9.8Nである。

②　力の3要素

力の方向（向き），作用点および大きさを力の3要素という。

③　力のベクトル

力は大きさと方向をもつ量である。力のように大きさと方向をもつ量をベクトルといい，記号で表すと$\vec{F}$のように矢印をつける。これを力のベクトル

という。大きさだけを表すときは単にFと表記し，矢印をつけない。

力の図示法：力を図示するには，矢印を用い，矢印は力の働いている点（作用点）から力の方向に描き，長さを力の大きさに比例させる（図2.3参照）。

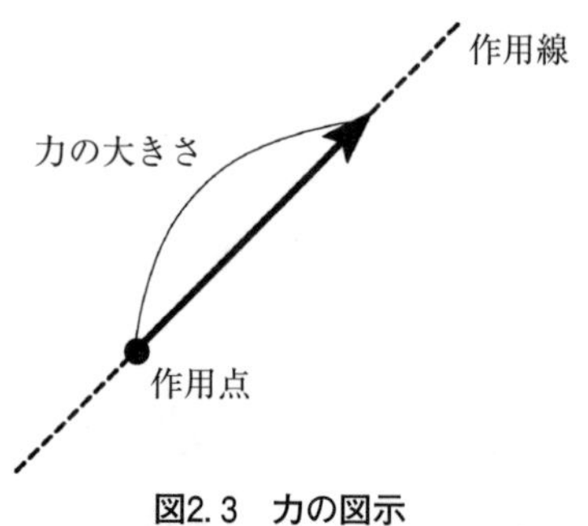

図2.3　力の図示

④　合力と分力

(イ)　合力：図2.4に示すように，1点Oに働く$\overrightarrow{F_1}$，$\overrightarrow{F_2}$の2つの力をベクトル的に加えた力を$\overrightarrow{F}$とすれば，Fを$\overrightarrow{F_1}$，$\overrightarrow{F_2}$の合力（合成力）といい，合力$\overrightarrow{F}$は$\overrightarrow{F_1}$，$\overrightarrow{F_2}$を2辺とする平行四辺形の対角線で表される。これを力の平行四辺形の法則という。

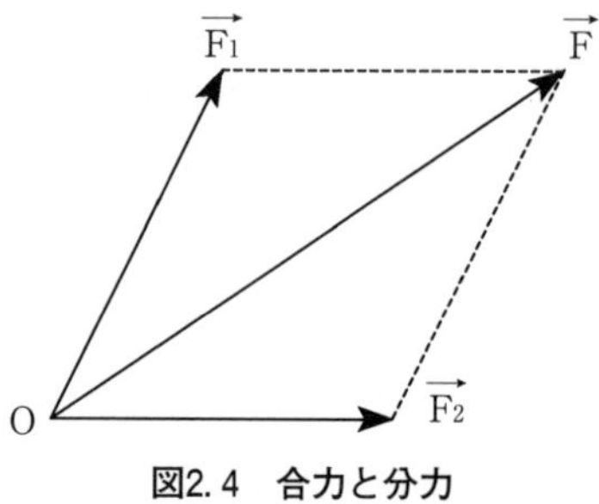

図2.4　合力と分力

(ロ)　分力：力$\overrightarrow{F}$が働いた場合，$\overrightarrow{F_1}$，$\overrightarrow{F_2}$を$\overrightarrow{F}$の分力という。力を分力に分解するには，力の平行四辺形の法則を逆に用いる。また，力を分解する際には直角方向の分力に分けることが多い。

例題 2.6　ベクトル

(1)　力を示す矢印を持つ直線はどのようなことを表しているか。

(2)　トランクピストン機関において，燃焼ガスの圧力でピストンを下方に押し下げる場合，ピストンの側圧は，下向きに作用する力を分解して示すとどのようになるか。（図で示せ）

解答　(1)　物体に作用する力と方向を示すもので，直線の長さはその大きさを，矢印は力の方向を示す。

(2)　ピストンを下向きに押す燃焼ガス圧力は，連接棒を押す力と，ピストンをシリンダに押しつける側圧に分解される（図2.5）。

①：ピストンに作用する力。

②：連接棒に作用する力。

③：ピストンの側圧。

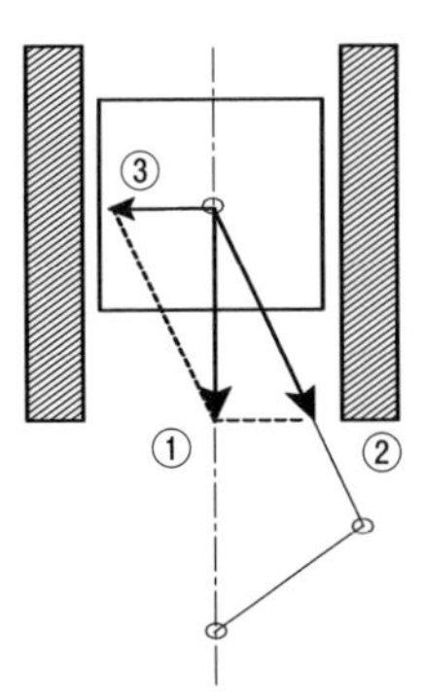

図2.5　力のベクトル

例題 2.7　図2.6に示すように，O点より垂直方向（OAの方向）に作用する力の大きさが8,000 N，水平方向（OBの方向）に作用する力の大きさが6,000Nとすれば，２つの力の合成力はいくらになるか。また，図を写し取り，合成力の作用する方向を図示せよ。

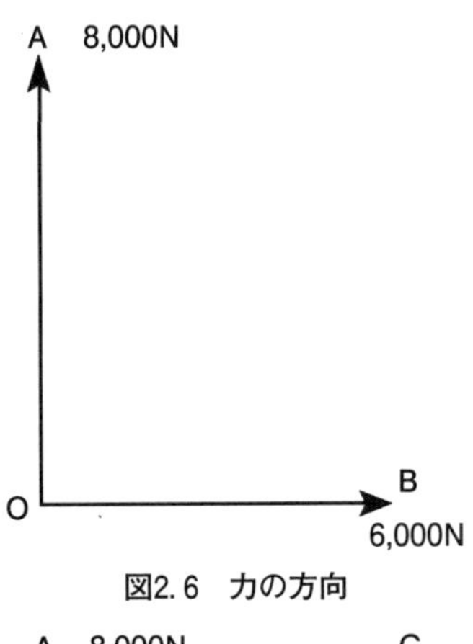

図2.6　力の方向

解答　作用する２つの力，OAとOBの合成力OCの大きさは，

$(OA)^2+(OB)^2=(OC)^2$

$8,000^2+6,000^2=100,000,000$

$OC=\sqrt{100,000,000}$

$=10,000$[N]

合成力の方向は図2.7のとおり。

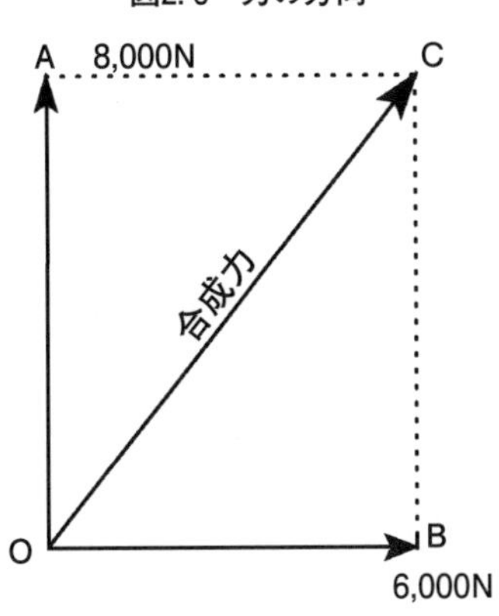

図2.7　力の方向

(2)　仕事

物体に力Fが作用しつづけて，物体が力の方向に距離sだけ動いたとき，力Fは仕事をしたという。仕事Wは

$W=F\cdot s$(仕事＝力×距離)である。

①　仕事の単位

仕事の単位はジュール［J］である。仕

事は力×距離であるので，その単位も力の単位と長さの単位の積で表される。

1Nの力が働いて物体が1m動かされた場合の仕事が1Jである。

1J＝1N・m

また，重力単位系で用いられた，1kgfの物体を1m移動した仕事を1kgf・m（キログラム重メートル）といい，

1kgf・m＝1[kgf]×1[m]

＝9.8[N]×1[m]

＝9.8[N・m]＝9.8[J]

② 仕事率（工率）

(イ) 仕事率：同じ仕事をするにしても，長い時間かかる場合と短時間でできる場合がある。短時間でできる場合の方が同じ仕事を早くしているので能率がよいことになる。このように，仕事をする速さの度合いを仕事率といい，単位時間にする仕事の量で表す。

(ロ) 仕事率の単位：仕事率＝仕事÷時間であるから，仕事率の単位は仕事の単位と時間の単位の組み合わせで表される。

(a) ワット[W]：仕事率の単位はワット[W]である。1秒間に1ジュール［J］の仕事をする場合の仕事率が1ワット［W］である。

1[W]＝1[J/s]，1[J]＝1[N・m]

1,000ワットを1キロワットといい，kWで表す。

(b) キログラム毎秒：重力単位系で用いられたもので，1秒間に1kgf・mの仕事を1キログラムメートル毎秒［kgf・m/s］という。

③ 出力

機関の仕事率を出力といい，kWで表される。1[kW]＝1,000[W]で，

1[kW]＝1[kJ/s]，1[kJ]＝1[kN・m]

出力の単位として重力単位系で用いられた馬力PSは1秒間に75kgf・mの仕事をするとき，1PSといい，1[PS]＝0.7355[kW]に相当する。

例題 2.8　1,500kgの荷物を8m持ち上げるのに40秒かかった。この場合の仕事率はいくらか。

解答　1［N・m］= 1［J］，1［W］= 1［J/s］，F = mg

ここで，F：荷重（力），m：質量，g：重力加速度とする。

仕事＝力の大きさ×動いた距離

＝1500×9.8×8＝117,600［N・m］

＝117,600［J］＝117.6［kJ］

仕事率＝仕事÷時間

＝117.6÷40＝2.94［kW］

2.3.2　密度と比重

⑴　密度

単位体積当たりの物質の質量を密度といい，単位はkg/m^3を用いる。たとえば，水の密度は1m^3あたり1,000kgというように，体積の単位と質量の単位を併記するか，単に密度1,000kg/m^3と表記する。

密度＝質量/体積　　　質量＝体積×密度　　　体積＝質量/密度

⑵　比重

液体や固体では，圧力101,325Pa（≒1,013hPa）で4℃の水の質量と，その水と同体積の物質の質量との比を比重という。したがって，前記の密度が有次元数であるのに対して，比重は無次元数である。

比重＝（水と同体積の物質の質量）/（4℃の水の質量）

4℃の水の密度は1,000kg/m^3（1g/cm^3）であるが，水の比重は1として4℃以外でもそのまま用いられ，従来から絶対単位の質量と重力単位の重量とが同じ数値に取り扱われて，体積と重量の相互換算などに使用されてきた。

比重はSI単位には含まれないが，使用してはならない単位ではなく，当分の間，規格値として用いる単位とされている。

⑶　水中における物体の浮沈

水の密度は1,000kg/m^3であるから，これより密度の大きいものは水に入れたとき沈み，それより小さいものは浮く。

体積でみれば，密度が1,000kg/m^3より大きいものは同じ質量の水より体積が小さく，それより小さいものは体積が大きい。

⑷　密度変化，他

①　すべての物体は温度，圧力などによって密度が変化する。固体に比べて液体，気体はその変化が大きい。

②　同一物質でも密度の大きいほど，質量も大きい。

③　比重において4℃の水を基準にするのは，水は4℃で密度が最も大きく（体積は最小），他の物質に比べて温度が少しぐらい変化しても，密度がほとんど変わらず誤差が少ないためである。

例題 2.9　質量28kgの金属がある。密度が8,000kg/m^{3}であれば，体積はいくらか。

※ポイント　①密度が水の密度1,000kg/m^{3}より大きいときは，その割合で体積は小さくなる。

②水1kgの体積は1,000cm^3（1ℓ：リットル）であるから，水28kgの体積は28,000cm^{3}である。

③密度8,000kg/m^{3}の金属の体積は，水の体積の8分の1になる。

解答　体積[m^3]＝質量[kg]÷密度[kg/m^3]

（1m^3＝1,000,000cm^3）

体積＝28÷(8,000/1,000,000)＝28÷0.008＝3,500[cm^3]

例題 2.10　密度920kg/m^{3}の重油1ℓ（リットル）は何グラムか。

※ポイント　①1ℓ（リットル）の水は1,000cm^3，すなわち1,000gである。

②密度が1,000kg/m^{3}より小さいので，同じ体積の油と水では油の方が軽い。

解答　1ℓ(リットル)＝1,000cm^3＝0.001m^3

質量[kg]＝体積[cm^3]×密度[kg/m^3]

＝0.001×920＝0.92[kg]

（1kg＝1,000g）　920[g]

⑸　液体の密度・比重

機関関係で取り扱うものは主に油類である。一般に，燃料油や潤滑油は密度（比重）によって油の質の目安にする。また，積み込んだ油の量や消費した量を測るのに密度（比重）は重要な要素である。

比重はまだ規格値として用いられているので密度と比重の関係を見ると，

比重＝(物質の密度)/(4℃の水の密度)

物質の密度＝4℃の水の密度×比重

たとえば，比重0.9の物質の密度は

$1,000\times0.9=900(\mathrm{kg/m^3})$ である。

油類の密度は水の$1,000\mathrm{kg/m^3}$（$1.0\mathrm{g/cm^3}$）より小さくて$900\sim980\mathrm{kg/m^3}$（$0.9\sim0.98\mathrm{g/cm^3}$）で，海水は塩分その他のものを含んでいるので$1,020\sim1,030\mathrm{kg/m^3}$（$1.02\sim1.03\mathrm{g/cm^3}$）ぐらいである。

液体の密度を浮きばかりを用いて計測する場合には，浮きばかりの目盛を前記例のように密度に読みかえる。

① 浮きばかりによる測定

液の中に浮きばかりを入れると，浮きばかりは棒の一部を液面上に出したまま静止する。このとき，浮きばかりの液面の目盛がその液の密度である。

② 油の密度

密度(比重)を測るとき，水は4℃を基準にするが油は15℃を標準とする。

③ 密度の修正

油の温度が15℃より上下すると，みかけの体積も増減し，標準の密度とならないので，密度の測定時に温度も同時計測しておき，15℃の密度になるように係数をかけて修正する。

(6) 混合液の密度

密度の異なる液を混合したとき，混合した液の密度は

密度＝混合液の質量/混合液の体積

で表される。

例題 2.11　燃料タンク内に密度$920\mathrm{kg/m^3}$の重油400ℓ（リットル）が入っている。この中に密度$880\mathrm{kg/m^3}$の重油150ℓ（リットル）を混入すると，混合した重油の密度はいくらか。

解答　400 ℓ（リットル）＝0.4m^3　150 ℓ（リットル）＝0.15m^3

混合油の密度＝混合油の質量÷混合油の体積

混合油の質量＝0.4×920＋0.15×880

＝368＋132＝500[kg]

混合油の体積＝0.4＋0.15＝0.55[m^3]

混合油の密度＝500÷0.55＝909[kg/m^3]

2.3.3　エンジンの燃料消費率

機関の燃料消費量は１日や１時間の消費量でも表されるが，１時間における１kW当たりの消費量［g］で表し，これを燃料消費率という。燃料消費率は機関の性能や機関の運転状態を知るばかりでなく，航海時間，残油量，補油量などの予定を計算する上でも重要である。

1,000kWの出力のディーゼル機関が３時間に780 ℓ（リットル）の重油を消費したとすれば，１時間１kW当たりの燃料消費量は，

780÷３÷1,000＝0.26[ℓ]

＝0.00026[m^3]

この燃料油の密度を920kg/m^3とすれば，

0.00026×920≒0.239[kg]＝239[g]

１時間１kW当たり燃料消費量は239gである。

燃料消費率＝消費量÷時間÷出力[g/kW・h]

例題 2.12　出力1,000kWの内燃機関が１昼夜で6,400 ℓ（リットル）の燃料を消費した。１時間１kWあたりの燃料消費量はいくらか。ただし，燃料油の密度を900kg/m^3とする。

解答　１時間当たりの消費量＝6,400÷24＝266.7[ℓ]

１時間１kW当たりの消費量＝266.7÷1,000≒0.267[L/(kW・h)]

0.267L＝267cm^3＝0.000267m^3

燃料油の密度は900kg/m^3であるから，

質量＝0.000267×900≒0.24[kg]＝240[g]

例題 2.13　出力2,000kWのディーゼル機関の燃料消費率が230g/(kW・h)であるとき，この機関を３時間運転すれば，消費する重油は何リットルか。ただし，燃料の密度は920kg/m³とする。

解答　１時間の消費量＝230×2,000＝460,000[g]＝460[kg]

全消費量＝460×３＝1,380[kg]

体積＝質量÷密度

油の体積＝1,380÷920＝1.5[m³]

＝1,500[ℓ]

例題 2.14　ある船の燃料油常用タンクは縦，横，高さがそれぞれ90cm，120cm，150cmである。このタンクの上から10cmのところまで燃料を入れて，底面より20cmのところまで使用するとき，出力750kW，燃料消費率240g/（kW・h）のディーゼル機関を何時間運転できるか。ただし，油の密度は920kg/m³とする。

解答　消費量＝出力×消費率＝240×750＝180,000[g]

＝180[kg]……１時間

油の体積＝質量÷密度＝180÷920≒0.1956[m³]

＝195.6[ℓ]

タンクの使用量＝0.9×1.2×(1.5－0.1－0.2)

＝0.9×1.2×1.2＝1.296[m³]＝1296[ℓ]

運転時間＝1296÷195.65≒6.63[時間]≒６時間38分

例題 2.15　両舷とも同じ寸法の燃料油重力タンク（縦1.3m，横1.3m，高さ1.8m）を備えた船で，航海中ディーゼル機関の軸出力が1,400kWのとき，何時間何分ごとにこれらの重力タンクを切り替えなければならないか。ただし，この機関の燃料消費率は205g/(kW・h)，燃料の密度は950kg/m³とする。

また，各タンクへの補給はタンク容量の90%までとし，タンク容量の30%まで使用するものとする。

解答　タンク１個の容積＝1.3×1.3×1.8＝3.042[m³]

使用できるタンク容積＝3.042×0.9－3.042×0.3＝1.8252[m³]

使用できる油の量＝1.8252×950＝1,733.94[kg]

1時間の油の消費量＝205×1400＝287,000(g)＝287[kg]

使用できる時間＝1,733.94/287＝6.04[時間]

60×0.04＝2.4[分]　　∴　6時間02分毎に切り替え

2.3.4　プロペラスピードとスリップ

(1)　プロペラ速力（プロペラスピード）

プロペラ（スクリュープロペラ）を水中で回転させると，船は移動する。序論で述べたように，プロペラが移動する距離は1回転させれば，ねじのピッチになる。

水をナット，プロペラをボルトと考えると，プロペラは船に取り付けてあるから，これを1回転させると，船はプロペラのピッチだけ進むことになる。

ピッチ1.2mのプロペラが1分間に350回転すれば，1時間には

1.2×350×60＝25,200[m]

25,200÷1,852≒13.6[海里]，速力13.6[ノット]で，

13.6海里だけ船が進む計算になる。このような計算による速力を，プロペラ速力（プロペラスピード）といい，船の速力を計算するときの基本である。

$V = p \times n \times 60$

V：プロペラの速さ［m/時間］

p：プロペラのピッチ

n：プロペラの毎分回転数

例題 2.16　プロペラのピッチが1.5mで，1分間に300回転するとき，1時間に何メートル進むことになるか。また，何ノットか。ただし，1海里は1,852mである。

解答　$V = p \times n \times 60$より，

1時間に進む距離＝1.5×300×60＝27,000[m]

速力＝27,000÷1,852≒14.58[ノット]

(2)　スリップ

プロペラの回転によって船体が実際に進む速さvは，プロペラの滑り（すべり）や抵抗などによって，プロペラ速力Vより小さいのが普通であり，(V－v)

をスリップ，スリップとVとの比をスリップ比といい，％で表す。

スリップ比　$Sa=(V-v)/V\times100$[%]

静かな海面では，スリップ比は15〜20%が普通である。このスリップ比をみかけのスリップ，あるいは，省略して単にスリップという。

例題 2.17　プロペラピッチが980mm，毎分回転数が380，船の速力が10.5ノットであるとき，プロペラのスリップは何パーセントか。ただし，1海里は1,852mである。

解答　$V=p\times n\times60=0.98\times380\times60=22,344$[m]

$v=10.5\times1,852=19,446$[m]

（v＝10.5ノットであるから，Vをノットにしてもよい）

スリップ$Sa=(V-v)/V\times100=(22,344-19,446)/22,344\times100$

$=12.9699\fallingdotseq12.97$[%]

(3)　真のスリップ

船が航行しているとき，船体と水との境界付近の水は船体に引きずられて動く。この傾向は船尾側ほど大きい。この流れを伴流（はんりゅう）といい，それによって船はいくらか押し進められているから，その時の船の速力はプロペラ速力と伴流で押される速力を加えたものである。

伴流をａとすれば，真のスリップ比，あるいは，単に真のスリップは

$Sr=V-(v-a)/V\times100=(V-v+a)/V\times100$[%]

伴流の大きいときは，みかけのスリップが負（－）になることがある。

実際の航海中には，伴流を測定することは困難なため，みかけのスリップを用いる。

例題 2.18　船の速力14ノット，プロペラのピッチ1.4m，毎分回転数350で航走するとき，伴流による速力が船の速力の６%に相当する場合の真のスリップを求めよ。

解答　真のスリップ$Sr=(V-v+a)/V\times100$[%]

$V=1.4\times350\times60=29,400$[m]

$v=14\times1,852=25,928$[m]

$a=25,928\times0.06\fallingdotseq1,555.7$[m]

$Sr=(29,400-25,928+1,555.7)/29,400\times100\fallingdotseq17.1$[%]

(4)　プロペラの推力

プロペラを回転すると船は移動する。この移動しようとする力を推力という。

仕事の関係式：仕事＝(力の大きさ)×(動いた距離)

において，T（N）の力（推力）によってv（m/秒）の速力で移動するときの，

１秒間の仕事＝T[N]×v[m]＝T×v[N･m]

で出力（P）に等しいことになる。

出力＝T×v[N･m/s]

出力[W]＝[kW]×1,000＝[J/s]＝[N･m/s]

出力[W]＝[kW]×1,000＝T×v[N･m/s]

T[N]＝P[kW]×1,000/v[m/s]

ただし，v＝(ノット)×1,852÷60÷60[m/秒]

（船速がm/分のときは分子に60を掛け，船速力をそのままm/時にとったときは分子に60×60を掛けて計算する）

例題 2.19　軸出力1,500kWの内燃機関を備えた船が15ノットの速力で航海するとき，推力軸受にかかる推力はいくらか。ただし，このときの推進効率を65%とする。

※ポイント　①軸出力の65%が推進のための有効出力である。

②ノットを１秒間の速力に直す。

③①と②から推力を計算する。

解答　有効出力＝1,500×0.65＝975[kW]＝975,000[W]

１秒間の速力v＝1,852×15÷3,600≒7.72[m/s]

T＝(P[kW]×1,000)/v＝975,000/7.72≒126,295[N]

2.4　工学の基礎

機関学を学ぶにあたり，工学の知識は不可欠である。本章では，機械工学と熱工学の基本について取り扱う。

2.4.1 運動の第一法則

静止している物体はそのまま静止状態を続け，運動している物体は等速直線運動を続けようとする。物体のこのような性質を慣性といい，この関係を運動の第一法則や慣性の法則という。

2.4.2 運動の第二法則

物体に力を加えると，速度が変化し，力と同じ方向に加速度が生じる。加速度の大きさは，加えた力の大きさに比例し，物体の質量に反比例する。この関係を運動の第二法則といい，運動方程式で表される。

$$\text{力}F\,[\mathrm{N}] = \text{質量}m\,[\mathrm{kg}] \times \text{加速度}\alpha\left[\frac{\mathrm{m}}{\mathrm{s}^2}\right]$$

2.4.3 質量と重さ

質量とは物体そのものの量を表し，重さは物体に働く重力の大きさを表したものである。質量と重さの関係を次の式に表す。

$$\text{重さ}\,W\,[\mathrm{N}] = \text{質量}m\,[\mathrm{kg}] \times \text{重力加速度}\mathrm{g}\left[\frac{\mathrm{m}}{\mathrm{s}^2}\right]$$

この式は運動方程式と同じ関係となり，重さは力と同じであることがいえる。また，この関係から質量とは加速度の影響の受けにくさを表している。

2.4.4 運動の第三法則

物体Aから物体Bに力を作用させると，物体Aは物体Bから，大きさが等しく反対方向の力の作用を受ける。この関係を運動の第三法則や作用反作用の法則という。

2.4.5 仕事と動力

物体に力F[N] を加え，距離l[m] 移動させたとき，仕事L[J] をしたことになる。

$$仕事L\,[\mathrm{J}] = L\,[\mathrm{N\cdot m}] = 力F\,[\mathrm{N}] \times 距離l\,[\mathrm{m}]$$

動力は，単位時間（１秒）あたりの仕事量を示す。これにより，機械の仕事をする能力を比較することができる。

$$動力P\,[\mathrm{W}] = \frac{仕事L\,[\mathrm{J}]}{時間t\,[\mathrm{s}]} = \frac{F\,[\mathrm{N}] \times l\,[\mathrm{m}]}{t\,[\mathrm{s}]} = F\,[\mathrm{N}] \times 速度v \left[\frac{\mathrm{m}}{s}\right]$$

以上の式から，動力は力と速度の積であることがいえる。

2.4.6　馬　力

馬力は動力の単位のひとつであり，「１秒間につき75重量キログラム［kgf］の力で１メートル動かすときの仕事」と定義され，単位は［PS］で表す。馬力［PS］と動力［W］の関係は次のとおりになる。

$$1\,[\mathrm{PS}] = 75\left[\frac{\mathrm{kgf}}{s}\right] = 75 \times 9.80655 \fallingdotseq 735.5\,[\mathrm{W}] = 0.7355\,[\mathrm{kW}]$$

馬力はSI単位ではないが，馬何頭あたりの力を発生させることができるのか，イメージがしやすいことから，エンジンの出力を表す単位として現在でも広く一般的に使用されている。ちなみに平均的な人で，瞬時では１[PS]，持続的には0.25[PS] くらいの動力を持っている。

2.4.7　トルク

物体を回転運動させようとするときモーメントが働く。この大きさをトルクT[N･m] といい，回転の中心から作用点までの距離r[m] と作用点に加える力F[N] の積になる。単位の［N･m］=［J］より，仕事と同じになる。トルクは次の式で表される。

$$トルク\quad T\,[\mathrm{N\cdot m}] = 力F\,[\mathrm{N}] \times 半径r\,[\mathrm{m}]$$

2.4.8　回転運動の動力

回転運動の動力は次の式で表される。

$$動力P[\mathrm{W}] = T \times \frac{2\pi}{60} \times 回転数n\,[\mathrm{min}^{-1}] = F \times \frac{r \times 2\pi \times n}{60}$$

※　$r \times 2\pi \times n$は円周が回転した距離。nは毎分回転数であるため，60で割って，１秒当たりの速度を求める。

変速機付きの自転車で，人の体力すなわち動力を一定でこぐと考えたとき，発進時や坂道では，ギアを大きくすることで，ペダルをこぐ回転数は大きくなるが，トルクに変換し，自転車の進む力が大きくなる。反対に平坦な道では，ギアを小さくすることで，ペダルをこぐ力は大きくなるが，回転数に変換し，自転車の進むスピードが速くなる。内燃機関においても，高速機関や中速機関では減速機を介して回転数を下げ，推進器のトルクの増大を図っている。

2.4.9　遠心力

遠心力は，回転運動している物体が回転の中心から外側に向かって引っ張られる力で，回転軸からの距離と角速度の２乗に比例する。遠心力は次の式で表される。

$$遠心力F[\mathrm{N}] = 質量m\,[\mathrm{kg}] \times \frac{\left(速度v\left[\frac{\mathrm{m}}{\mathrm{s}}\right]\right)^2}{回転半径r\,[\mathrm{m}]}$$

2.4.10　圧　力

単位面積に働く力を圧力という。底面積をA [m^2] に加わる力をF[N] とするとき，底面における圧力P[Pa] は次の式で表される。

$$圧力\quad P[\mathrm{Pa}] = P\left[\frac{\mathrm{N}}{\mathrm{m}^2}\right] = \frac{力F[\mathrm{N}]}{底面積A\,[\mathrm{m}^2]}$$

また，水圧は次のとおり求めることができる。

$$体積V[\mathrm{m}^3] = 水深h\,[\mathrm{m}] \times 底面積A\,[\mathrm{m}^2]$$

$$質量m\,[\mathrm{kg}] = 液体の密度\rho\left[\frac{\mathrm{kg}}{\mathrm{m}^3}\right] \times 体積V[\mathrm{m}^3] = \rho \times h \times A$$

底面に作用する力F[N]＝質量m[kg]×重力加速度g$\left[\frac{m}{s^2}\right]$＝$\rho \times h \times A \times g$

圧力P[Pa]＝$\frac{F}{A}$＝$\frac{\rho \times h \times A \times g}{A}$＝$\rho \times h \times g$

以上の式から，圧力は底面積に関わらず，水深から求めることができる。

2.4.11　圧力の種類

①　絶対圧：絶対真空を0とする圧力。絶対圧＝大気圧＋ゲージ圧となる。

②　ゲージ圧：大気圧を0とした圧力。

③　真空度：大気圧より低い真空の度合いを大気圧との差で表したもの。

④　大気圧：地球上を覆う空気の重さ。大気圧は気象や高度により変化する。

⑤　標準気圧：大気圧は一定でない為，標準とする大気圧の値。

標準重力加速度（9.80665m/sec^2），0℃のもとでの水銀柱760mmの圧力に等しい圧力で101325[Pa]（1013[hPa]）。

それぞれの関係を図2.8に示す。

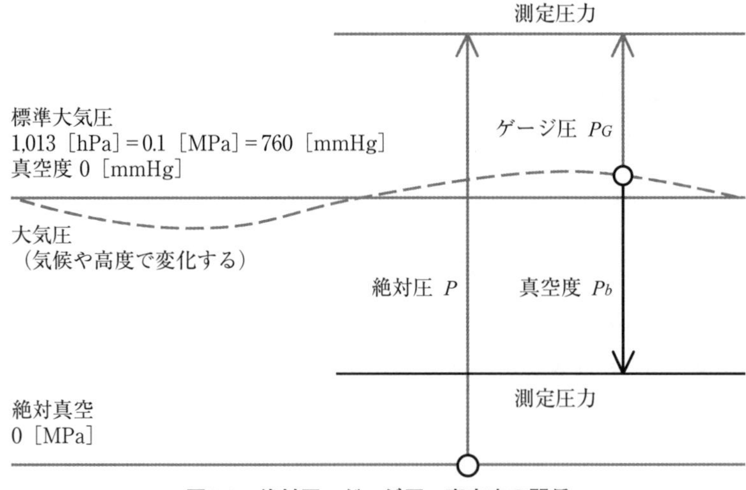

図2.8　絶対圧，ゲージ圧，真空度の関係

2.4.12　熱と温度

熱の正体は，分子の運動である。分子が激しく運動するときは熱エネルギは大きく，分子が穏やかに運動するときは熱エネルギは小さい。そしてこの激しさの度合いをあらわしたものが温度になる。絶対温度は分子の運動が完全に静止する摂氏−273.15℃を絶対零度とし，１度の温度差は摂氏温度と同じで，単位はK（ケルビン）を使う。私たちが普段使う摂氏温度は，水の凝固点を０度，沸点を100度とした温度で，単位は℃を使う。単位のCは考案者のセルシウスからきている。また，アメリカ合衆国では華氏温度が使用されており，１度の幅がケルビンの1.8分の１で，真水の凝固点を32カ氏温度，沸点を212カ氏温度とし，その間を180等分して１カ氏度で，単位は°Fを使う。単位のFは考案者のファーレンハイトからきている。

2.4.13　熱力学第零法則

温度の異なる物体ＡとＢを接触させておくと，２つの物体は同じ温度になる。これを熱平衡という。また，物体ＡとＣが熱平衡であるとき，物体ＢとＣもまた熱平衡であるといえる。これを，熱力学の第零法則という。

2.4.14　熱力学第一法則

熱と仕事はどちらもエネルギであり相互変換できる。これを，熱力学の第一法則やエネルギ保存の法則という。熱量と仕事といった異なった単位で表す場合に，熱の単位を仕事の単位に換算するための数値を熱の仕事当量といい，１［J］の熱量は，１［N·m］の仕事に変えられる。また，物質１［g］の温度を１［℃（K）］上昇させるのに必要な熱量を比熱といい，水の比熱は4.186［J/（g·K）］となる。比熱には定容比熱と定圧比熱がある。定容比熱（定積比熱）は容積（体積）一定のもとで単位質量当たりの物質を単位温度変化させるのに必要な熱量をいう。また，定圧比熱は圧力一定のもとで単位質量当たりの物質を単位温度変化させるのに必要な熱量をいう。

2.4.15　エンタルピ

物体の持つ内部エネルギに仕事量を合わせたエネルギの総量を，エンタルピという。エネルギの中には使えるものもあれば，使えないものも存在するが，それらすべてのエネルギを総和してエンタルピとなる。このうち，内部エネルギは，ある物体を構成する分子の持つエネルギになる。エンタルピは次の式で表される。

$$\text{エンタルピ}\,H\,[\mathrm{J}] = \text{内部エネルギ}\,U\,[\mathrm{J}] + \left(\text{圧力}\,P\left[\frac{\mathrm{N}}{\mathrm{m}^2}\right] \times \text{体積}\,V\,[\mathrm{m}^3]\right)$$

2.4.16　熱力学第二法則

熱は仕事に変換できるが，熱のすべてを仕事に変換することはできず，必ず無駄になる熱がでてくる。また，熱は，高温の物体から低温の物体に移動することができるが，その反対に，低温の物体から高温の物体に戻ることは，外力を加えられない限りできない。この関係は，熱の移動の不可逆性を表しており，これを熱力学第二法則やエントロピ増大の法則という。

2.4.17　エントロピ

エントロピとよく似た言葉にエンタルピがあるが全く違う。温度の高い物体と低い物体を接触させたとき，熱は高温部から低温部へ伝わるが，このエネルギの変化の進む方向を数値で表したものをエントロピという。エントロピの値が高い程，不可逆性が大きく，元に戻りにくいことを示す。エントロピは次の式で表される。

$$\text{エントロピ}\,S\left[\frac{\mathrm{J}}{\mathrm{K}}\right] = \frac{\text{熱量}\,Q\,[\mathrm{J}]}{\text{絶対温度}\,T\,[\mathrm{K}]}$$

2.4.18　気体の性質

気体には，一定質量の気体の体積Ｖは，圧力Ｐに反比例し，絶対温度Ｔに比例するという関係がある。これをボイル・シャルルの法則といい，この関係を表した式を理想気体の状態方程式という。

$$圧力P[\mathrm{Pa}]\times 体積V[\mathrm{m^3}]=質量m[\mathrm{kg}]\times ガス定数R\left[\frac{\mathrm{J}}{\mathrm{kg\cdot K}}\right]\times 絶対温度T[\mathrm{K}]$$

理想気体とはボイル・シャルルの法則に従い，比熱が温度にかかわらず一定である気体とする。そのため，実際の気体には存在しないが，表2.7に示す，標準大気圧（1013[hPa]），温度20℃における，ガス定数を用いて，状態方程式を使用することができる。

表2.7　標準大気圧（1013［hPa］），温度20℃における主な気体のガス定数

気体の種類	化学式	ガス定数R［J/(kg·K)］
空気	—	287.03
酸素	O_2	259.83
二酸化炭素	CO_2	188.92
水素	H_2	4124.6
窒素	N_2	296.80
メタン（天然ガスの主成分）	CH_4	518.27

状態方程式の質量m［kg］を気体の分子量である物質量M［mol］に置き換えた場合，次の式で表される。

$$PV=MR_0T$$

標準状態（0℃，1.013×10^5[Pa]）において，1 molの気体は22.4L＝0.0224 m³であるから，これを状態方程式に代入すると次のとおりになる。

$$1.013\times 10^5\times 0.0224=1\times R_0\times 273$$

$$R_0=8.31[\mathrm{J/(mol\cdot K)}]$$

このとき，R_0は一般ガス定数と呼ばれ，気体の種類に依存しない。

2.4.19　熱の伝わり方

熱の伝わり方には次の３種類がある。

①　熱伝導：物体内部の温度差により，高温部から低温部へ熱が移動する

現象。

② 熱対流：流れによるエネルギの移動で，流れが流体内の高温部と低温部の密度差によって生じる自然対流と，送風機などによる強制的に行われる強制対流がある。

③ 熱放射：物体がその温度によって熱エネルギを電磁波の形で放出する現象。宇宙空間において真空中でも，太陽熱が地球に達するのはこの現象によるものである。

2.5　材料学の基礎

2.5.1　応力とひずみ

私たちの身の回りの，電化製品や家具，船舶などの輸送機械も含めて多くの分野で材料力学が用いられている。材料力学とは，ものを設計する上で，適切な寸法，材料を決定することに必要不可欠である。そのため，ここでは材料の性質を説明するうえで，最も重要な材料力学のなかの応力とひずみ，そしてその二つの関係を結ぶフックの法則について紹介する。

荷重に対して設計した製品が壊れるかは，ものの大きさに依存する。そのため，製品が壊れないようにするために寸法を大きくするだけでは，製品の価格や性能の低下につながるため，最適な設計（寸法）とはいえない。そこで，材料内部に加わる力を考えることが重要となる。

図2.9に示すように，直径d，長さlの丸棒を壁面に固定し，荷重Pで引張ったとき，壁面に生じる反力Fは，力のつり合いから次式となる。

$$F=P$$

となる。ここで，m-n部を仮想的に切断した場合，その断面には力のつり合いからPとは逆向きの抵抗力Rが生じることになる。これを内力といい，この内力を断面積Aで除したものを応力σといい次式となる。

$$\sigma=\frac{R}{A}$$

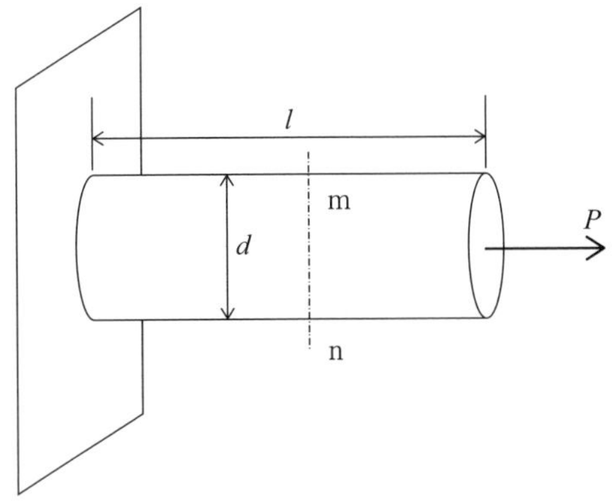

図2.9　引張荷重を受ける丸棒

ここで引張りにより生じる応力を引張応力といい，この逆向きに力を加えた場合は，材料は圧縮され，圧縮により生じる応力を圧縮応力という。両者ともに断面に垂直に働く応力であるため，垂直応力ともいう。材料力学では，引張応力を正の値，圧縮応力を負の値として取り扱う。応力に用いられる単位は［Pa］が用いられる。

次に，図2.10に示すような荷重Pを与えたときの材料の変形を考える。

長さlの棒に荷重Pが作用したとき，荷重を受けて材料は変形し長さがl'となった。その変形量は$\lambda = l' - l$であり，この変形量を元の長さlで割ったものをひずみεといい，次式となる。

$$\varepsilon = \frac{\lambda}{l} = \frac{l' - l}{l}$$

次に，応力とひずみの関係を考える上で，ばねの関係を考えてみると，ばねの復元力Fと伸びxの関係は，比例定数（ばね定数）kとすると次式となる。

$$F = kx$$

この関係は材料の変形が非常に小さい場合にも適

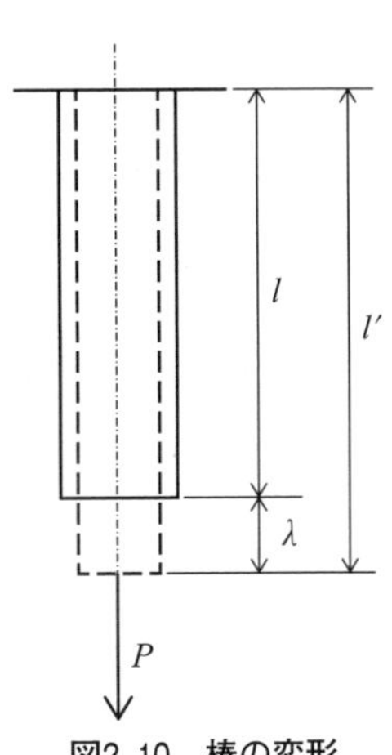

図2.10　棒の変形

用することができ，応力とひずみの関係は次式となる。

$$\sigma = E\varepsilon$$

このとき，式中のEを縦弾性係数(ヤング率)といい，材料固有の値を示す。また，この応力とひずみの関係をフックの法則という。代表的な例として鋼の縦弾性係数は206GPaである。

例題 2.19 直径10.0mmの丸棒に引張荷重3.00kNを与えた。このとき棒に生じる応力はいくらか。

解答 引張荷重$P=3000$Nが内力Rとつり合い，その断面積Aは丸棒から直径dとすれば

$$A = \frac{\pi d^2}{4}$$

から求める応力は

$$\sigma = \frac{R}{A} = \frac{4R}{\pi d^2} = \frac{4 \times 3000}{\pi \times (10 \times 10^{-3})^2} = 38.2 \times 10^6 \text{Pa} = 38.2 \text{MPa}$$

例題 2.20 長さ100mmの丸棒に引張荷重5.00kNを与えたとき，元の長さから1.50mm伸びた。このとき棒に生じたひずみはいくらか。

解答 ひずみの定義から元の長さ100mm，伸び1.50mmより

$$\varepsilon = \frac{\lambda}{l} = \frac{1.50}{100} = 1.5 \times 10^{-2}$$

例題 2.21 直径15.0mm，長さ300mmの丸棒に引張荷重3.50kNを与えたとき，棒に生じる応力とひずみはいくらか。ただし，材料は鋼とし，縦弾性係数206GPaとする。

解答 棒に生じる応力は定義から

$$\sigma = \frac{R}{A} = \frac{4 \times 3500}{\pi \times (15 \times 10^{-3})^2} = 19.8 \times 10^6 \text{Pa} = 19.8 \text{MPa}$$

またフックの法則からひずみは応力と縦弾性係数から

$$\varepsilon = \frac{\sigma}{E} = \frac{19.8}{206 \times 10^3} = 9.61 \times 10^{-5}$$

2.5.2　材料試験

鋼の縦弾性係数のように，材料の機械的性質を調べる試験を材料試験という。材料試験には引張試験，硬さ試験，疲労試験，衝撃試験など多くの試験方法があるが，すべてJIS規格で試験方法や試験片形状が細かく規定されている。ここでは，材料試験の代表である引張（ひっぱり）試験について説明する。

引張試験で用いる試験片の一つとして図2.11に示すJIS4号試験片がある。各種寸法について決められており，そのうち標点距離をひずみの計算をするときの元の長さに相当する。

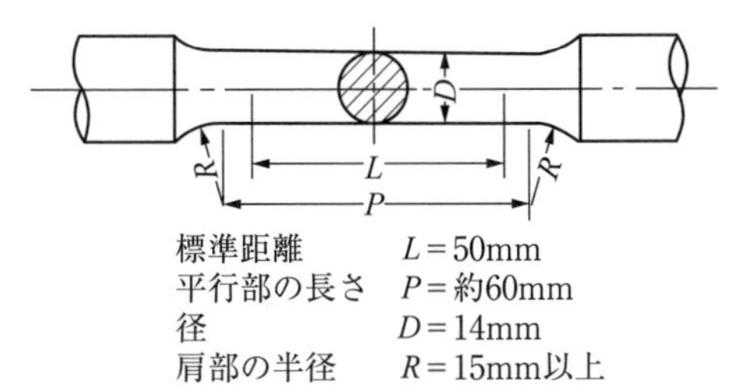

材料のつごうにより上記の寸法によることができない場合，つぎの式により平行部の径と標点距離とを定める。この場合の標点距離は整数値をとってよい。

$L=4\sqrt{A}$（Aは試験片の平行部の断面積）$=3.54D$

図2.11　JIS４号引張試験片

この試験片の両端は中央部の径14mmより太くなっており，この部分が試験機のつかみ部分となる。試験機にはよく油圧式の万能試験機が使われる。この試験機に試験片を取り付け，軸方向に規定の速度で引張り，最終的に破断させる。破断までの荷重，および伸びの値を計測することで荷重伸び線図が得られる。その結果に対して，荷重を試験片の断面積，伸びを標点距離で除すこと応力とひずみが得られ，これを応力ひずみ線図という。

図2.12には軟鋼の応力ひずみ線図を示す。縦軸に応力，横軸にひずみをとり，図中のＡ点は比例限度を表す。この応力まで比例関係（フックの法則）が成り立つ。その後，Ｂ点は，弾性限度を表し，この応力，ひずみまでが荷重を除荷

すると元の形にもどる弾性変形の範囲となる。Ｃ点は上降伏点，Ｄ点は下降伏点といい，応力が上降伏点を超えるとほぼ一定の値でひずみが増加する。Ｅ点は最大応力を表し，これを引張強さという。Ｅ点を超えると，試験片に局所変形が生じ，応力が急激に減少しＦ点に達すると材料は破断される。引張強さ到達後に応力の値が下がっているが，この値を超えると試験片には局所変形が生じ，その部分の断面積は元のものと比較して小さくなる。そのため，局所変形部の断面積で荷重を除すと，実際には応力の値は破断まで大きくなり続ける。

以上が材料の引張試験から得られる材料の各種性質(引張強さ，降伏点など)である。そのほかの材料試験には材料の表面の硬さを計測する硬さ試験，材料の粘り強さを計測する衝撃試験，繰り返し荷重における抵抗を計測する疲労試験など，さまざまな試験がある。

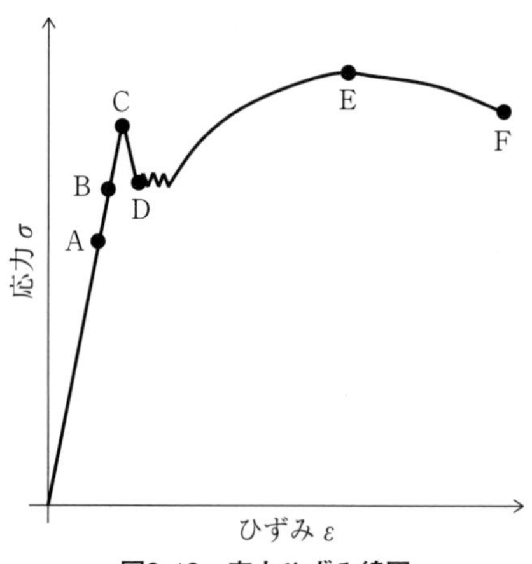

図2.12　応力ひずみ線図

■演 習 問 題■

2.1　次の単位換算をせよ。

(1)　5×10^5ml → m^3　　(2)　60m/min → m/s

(3)　7.2t/h → kg/s　　(4)　0.8g/cm^3 → kg/m^3

(5)　1.5kgf → N　　(6)　2 kgf/cm^2 → Pa

(7)　500kcal → J　　(8)　80l/h → m^3/s

解答　(1) 0.5　(2) 1　(3) 2.0　(4) 800　(5) 15　(6) 1.96×10^5

(7) 2.09×10^6　(8) 2.22×10^{-5}

2.2　次の計算を有効数字に注意して計算せよ。

(1)　$4.739\times10^4\times5.8\times10^{-3}$

(2)　49.88×3.1416

解答　(1) 2.7×10^2　(2) 156.7

2.3　半径2.2cmの円の面積を求めよ。

解答　16cm^2

2.4　次の計算を完成させるために，(　) に数字を入れよ。

6.78×7.28×3.98×4.28

6.78×7.28＝49.3584≒(①)

(①)×3.98＝196.4528≒(②)

(②)×4.28＝841.02≒(③)

解答　① 49.36　② 196.5　③ 841

2.5　1,200kgの物体を30秒間に15m移動するとき，この仕事率はいくらになるか。

解答　働く力＝1,200×9.8＝11,760(N)

仕事＝力×距離＝11,760×15＝176,400(N・m)

＝176,400(J)＝176.4(kJ)

W＝J/sより

仕事率＝176.4÷30＝5.88(kW)

2.6　4 tの荷物を5秒間に6 m吊り上げるウインチの動力はいくらになるか。また，その動力を1／5に減少させて，1 tの荷物を4 m吊り上げるには何秒かかるか。

解答　・働く力の大きさ＝4,000×9.8＝39,200(N)

仕事＝39,200× 6 ＝235,200(N・m)，(1 N・m＝ 1 J)

＝235,200(J)＝235.2(kJ)

動力＝235.2÷ 5 ＝47.04(kW)，(1 W≒ 1 J/s)

・動力を1／5にして，1 tの物体を4 m吊り上げる場合には，

動力＝47,040÷５＝9,408(W)

仕事＝1,000×9.8×４＝39,200(N・m)＝39,200(J)

時間＝39,200÷9,408＝4.17(s)

2.7　直径４cm，長さ1.5mの鉄棒は，何キログラムか。ただし，鉄の密度は7,800kg/m^{3}とする。

解答　棒の体積＝π／４×0.04^2×1.5＝0.785×0.0016×1.5

＝0.001884(m^3)

質量＝体積×密度より

＝0.001884×7,800＝14.6952≒14.7(kg)

2.8　密度910kg/m^{3}の重油546kgは，何リットルか。

解答　体積＝質量÷密度

＝546÷910＝0.6(m^3)

0.6(m^3)＝0.6×1,000,000(cm^3)，（１ℓ＝1,000cm^3)

＝0.6×1,000,000÷1,000＝600(ℓ)

または，0.6(m^3)＝0.6(kL)＝600(ℓ)

2.9　縦，横，高さがそれぞれ80cm，90cm，100cmのタンクに油がいっぱい入っている。重油は，油の密度920kg/m^{3}のとき，何kgになるか。

解答　タンクの容積＝0.8×0.9×1.0＝0.72(m^3)

重油の質量＝0.72×920＝662.4(kg)

2.10　密度が970kg/m^{3}および850kg/m^{3}の２種類の燃料油がそれぞれ８kℓおよび４kℓある。これらの燃料油を混合すると，混合油の密度はいくらか。

解答　混合油の質量＝８×970＋４×850＝11,160(kg)

混合油の体積＝８＋４＝12（m^3)，（１kℓ＝１m^3)

混合油の密度＝11,160÷12＝930(kg/m^3)

2.11　速力12ノットの船が216海里を航走するのに1000Lの重油を消費した。この船の１時間の燃料消費量は何キログラムか。ただし，重油の密度を920kg/m^{3}とする。

解答　航海時間＝距離÷時速＝216÷12＝18(時)

消費量＝体積×密度＝１×920＝920(kg)

(1,000ℓ＝１m^3)

１時間の消費量＝920÷18≒51(kg/時)

2.12　あるディーゼル機関の軸出力が900kWのとき，４時間の運転で960Lの燃料を消費するものとすれば，燃料消費率はいくらになるか。ただし，重油の密度は920kg/m^{3}とする。

解答　１時間の消費量＝960÷４＝240(L)，(240L＝0.24m^3)

質量＝0.24×920＝220.8(kg)

燃料消費率＝220,800÷900≒245(g(kW・h))

2.13　プロペラのピッチが1.3mの船が7時間30分航行したところ，プロペラ軸の総回転数が110,250となった。プロペラ速度は何ノットか。

解答　1時間の回転数＝110,250÷7.5＝14,700
プロペラ速度＝1.3×14,700＝19,110(m/時)
19,110÷1,852＝10.31874≒10.32(ノット)

2.14　ある船のプロペラの毎分回転数が360のとき，12ノットである。プロペラピッチが1.2mとすれば，毎時のプロペラの速さおよびスリップはいくらか。ただし，1海里は1,852mとする。

解答　・プロペラ速力 V＝p×n×60＝1.2×360×60＝25,920(m)
25,920÷1,852≒14(ノット)
・スリップ S＝(V－v)/V×100，V＝14，v＝12
＝(14－12)/14×100≒14.28(%)

第3章　電気電子工学

3.1　電流，電圧および電力

3.1.1　水流回路と電気回路

図3.1(a)のように，電池に電熱器をつなぐと熱がでる。これは電流が電熱器のニクロム線に流れ，熱を発生するからである。このように電流が回り流れる路のことを電気回路という。記号で表すと図3.1(b)のようになる。電気回路を図3.1(c)のような水流回路と対比させて考えると，電気的な量のイメージがつかみやすい。以下，電気回路を水流回路のようなものと考えて電流，電圧，電力などの電気的な量の概念を理解していく。

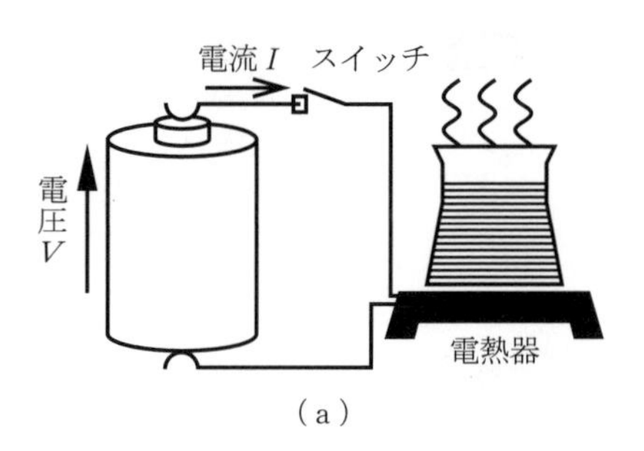

(a)

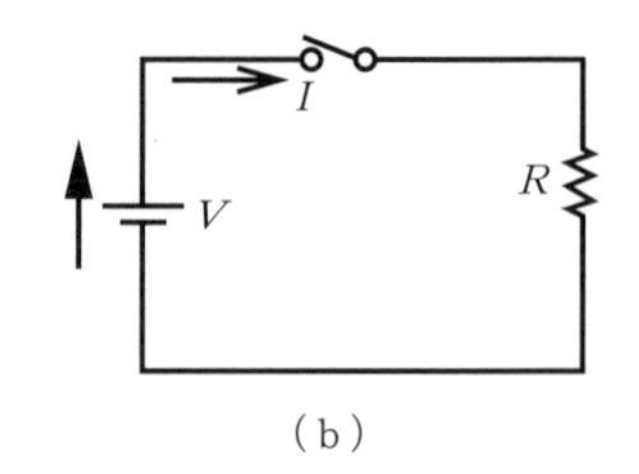

(b)

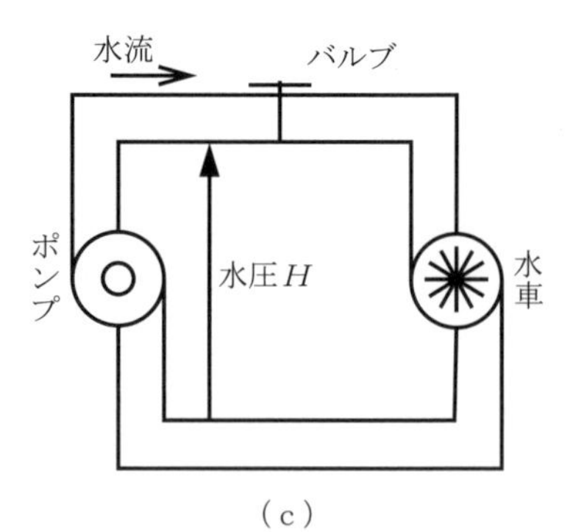

(c)

図3.1　水流回路と電気回路

3.1.2　電荷と電流

水流を細かくみると，小さな水の粒子が動くのだと考えることができるが，電流の場合も同様に考えて，電気を帯びた小さい粒子が針金の中を動く。これが電気の流れ―電流である。そして，電気を帯びた小さい粒子―これを電荷（電気を荷なっているもの）

という。

つまり，電流（水流）というものがあるのではなくて，あるのは電荷（水）であって，その動きが電流（水流）である。

　あるもの…電荷（水）

　その動く状態…電流（水流）

水の量を測るのにリットルという単位を使うように，電気の量を測るにはクーロンという単位を使う。

　電気量（電荷）の単位：クーロン，［C］

　電気量（電荷）の記号：Qまたはq

水流の大きさを測るには，一定時間内に流れた水の量を求めればよい。たとえば，1秒間に何リットル（［ℓ］）かというように。電気の場合も，1秒間にどれだけの電気量（［C］）をもつ電荷が流れるかで，電流の大きさを表している。水の場合は，たとえば，1秒間に3［ℓ］の場合には3［ℓ/s］というが，電気の場合には名前をつけて，1秒間に3［C］の電気量が針金を流れるとき，つまり，3［C/s］のとき，これを特に3アンペアの電流といい，記号に［A］を用いている。

　電流の単位：アンペア，［A］=［C/s］

　電流の記号：Iまたはi

したがって，電流の大きさIは次式で与えられる。

$$I=\frac{Q\,[\mathrm{C}]}{t\,[\mathrm{s}]}=\frac{Q}{t}\,[\mathrm{A}] \tag{3.1}$$

3.1.3　電　圧

水流を作るには，図3.1(c)のようにポンプによって水に圧力（水圧）を加える必要があるが，電流を作るにも電気に圧力（電圧）を加える必要がある。この電圧を作る装置には，われわれに最もなじみの深いところで電池がある。普通は，磁界中で導体を動かして電圧を発生させる発電機が用いられる。この電圧のことを，電流を流す原動力という意味で起電力という。水圧の単位には，流体工学では落差(ヘッド，その単位はメートル[m])が用いられるが，電圧，起電力の単位にはボルトが用いられている。

電圧，起電力の単位：ボルト，[V]

電圧，起電力の記号：V，E，v，e

3.1.4　オームの法則

バルブを開くと水が流れ出るが，1秒間当たりの水の量は水圧が高いほど多い。同じように電気の場合もスイッチを入れると電気が流れるが，その1秒間当たり流れる電気量，すなわち，電流は電池の電圧Vに比例する。

$$I \propto V$$

比例定数を$1/R$とすると

$$I = \frac{1}{R} V \tag{3.2}$$

この定数Rは電流の流れの妨げ方を示す係数で，水路の抵抗に相当する。水路の抵抗が大きいほど，1秒間当たりの水量が少なくなるように，同じ電圧の場合，R値が大きいほど電流は小さくなる。

抵抗の単位：オーム，[Ω]=[V/A]

抵抗の記号：Rまたはr

すなわち，

$$R = \frac{V\,[\mathrm{V}]}{I\,[\mathrm{A}]} = \frac{V}{I}\,[\Omega] \tag{3.3}$$

これをオームの法則といっている。

3.1.5　電気の仕事と電力

図3.1(c)で水車を回して，仕事をする場合を考えてみよう。

ポンプの水圧が高いほど水量が多くなり，水車はよく回ってたくさんの仕事をすることができる。すなわち，この仕事の量は水圧Hと水量の積Qに比例する。

同様に，電気を使って電熱器で湯を沸かすことを考えてみると，湯を沸かすには，電圧を加えて電荷を動かすことが必要で，しかも，電圧 V が高いほど，また，動いた電気量 Q が多いほど，熱は多く発生して湯の温度を上げることができる。つまり，湯を沸かす仕事の量 W は電圧 V と電気量 Q の積に比例する。この仕事の単位にはジュールが使われる。

仕事の単位：ジュール，[J]

仕事の記号：W または w

$$W = V\,[\mathrm{V}] \cdot Q\,[\mathrm{C}] = VQ\,[\mathrm{J}] \tag{3.4}$$

すなわち，VQ [J]の電気エネルギが W [J]の熱エネルギに変わったことになる。

【注意】物質がある仕事をなし得る能力をもつとき，その物質はエネルギをもつという。そのエネルギは物質が外部に対して仕事をしたときの仕事の量で測られる。したがって，エネルギは仕事と同じ単位をもっている。

さて，実際には上述の仕事そのものよりも，その仕事をどれだけ速くやるかを問題にすることが多い。一定時間内に仕事をする能力のことを，工学では「仕事率」，「工率」またはパワーというが，電気工学ではこれを「電気の仕事をする能力」すなわち，「電力」といっている。すなわち，電力は1秒間にする電気的仕事量で，その単位にはワットが用いられる。

電力の単位：ワット[W]

電力の記号：P または p

したがって，t 秒間に W [J]の仕事をする電熱器の電力 P は

$$P = \frac{W\,[\mathrm{J}]}{t\,[\mathrm{s}]} = \frac{W}{t}\,[\mathrm{W}] \tag{3.5}$$

さらに，上式に式（3.4）を代入して，式（3.1）を用いると

$$P = \frac{W}{t} = \frac{VQ}{t} = V\frac{Q}{t} = VI\,[\mathrm{W}] \tag{3.6}$$

すなわち，電力＝電圧×電流で与えられる。

また，これにオームの法則を代入すると

$$P = VI = \frac{V^2}{R} = RI^2 \tag{3.7}$$

となる。たとえば，100[V]の電源に10[Ω]のニクロム線をつないだときの電力は$P = 100^2/10 = 1,000$[W]である。この場合，1秒間あたり1,000[J]の電気の仕事（エネルギ）が熱エネルギ（この熱のことをジュール熱と呼んでいる）に変わることになる。

さて，ニクロム線のように抵抗をもつ導体の中で，電気の仕事は熱エネルギに変わったわけであるが，これは電熱器のモデルでもある。抵抗の代わりに，電動機を接続する場合には図3.2(b)のようにかける。この電動機にベルトで他の回転機械を駆動すると，機械動力を消費するようになる。電動機や伝達装置に損失はないものとすると，電動機に電力VI[W]が入力されて，それがそのまま機械動力(これが出力)に変わる。この場合には，1秒間あたりの電気の仕事が機械的なエネルギに変わったことになる。

このように，図3.2(a)，(b)は電気エネルギを使う立場からみれば，電気エネルギを他のエネルギに変えて利用しているわけで，これらを一括して，図3.2(c)のようにかける。この箱の部分を負荷とよんでいる。

例題 3.1　電線中を1[A]の電流が流れているとき，移動している自由電子の数は毎秒何個になるだろうか。ただし，電子1個の電荷は1.6×10^{-19}[C]とする。

解答　1[A]とは1[C/s]のこと。すなわち，毎秒1[C]の電荷が移動している

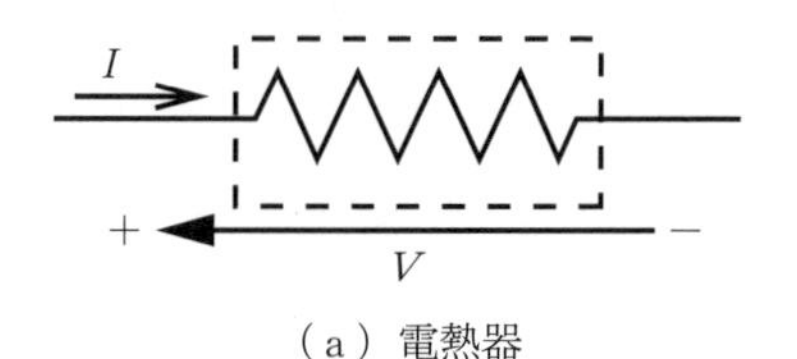

(a) 電熱器

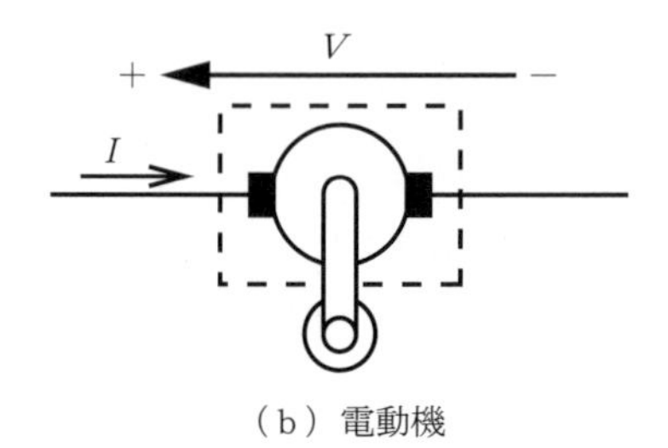

(b) 電動機

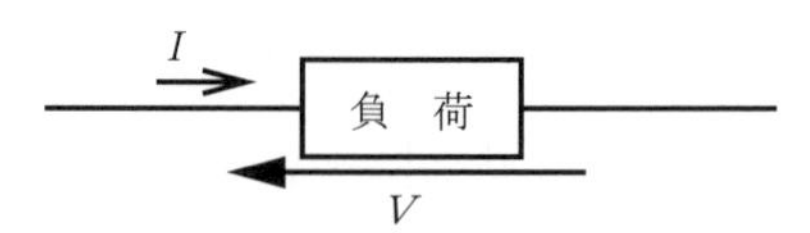

(c) 一般的な表示

図3.2　電気の仕事（電気エネルギを他のエネルギに変換して使用）

ことになる。毎秒移動する電子の数をn個とすれば，総電荷量は

$1.6\times10^{-19}n$ [C/s]

となる。これが1 [C/s]に等しいとおいて

$1=1.6\times10^{-19}n$

求める自由電子数は$n=6.25\times10^{18}$[個/s]

例題 3.2　5 [mA]の電流が10[s]間流れたとき，移動した電荷はいくらになるか。

解答　$Q=5\times10^{-3}$[C/s]×10[s]＝50×10^{-3}[C]＝50[mC]

例題 3.3　0.5秒間に0.15[C]の電荷が移動したときの電流はいくらか。

解答　$I=\dfrac{0.15[\mathrm{C}]}{0.5[\mathrm{s}]}$

例題 3.4　100[V]で2 [A]流れる電熱器の電力はいくらか。

解答　$P=VI=100\times2=200$[W]

例題 3.5　電圧100[V]で，100[W]の電球の抵抗はなん[Ω]か。

解答　式（3.7）より

$R=V^2/P=100^2/100=100$[Ω]

例題 3.6　10[W]の電力が10秒間連続したときの電力量はいくらか。

解答　10[W]×10[s]＝100 [Ws] ＝100[J]

$\because [\mathrm{Ws}]=\left[\dfrac{\mathrm{J}}{\mathrm{s}}\mathrm{s}\right]=[\mathrm{J}]$

例題 3.7　1 [kWh]は何キロカロリー[kcal]の熱エネルギに相当するか。

解答　1 [kWh]＝1 [kW]×1 [h]＝1,000[W]×3,600[s]＝1,000×3,600[J]，また，

1 [J]＝0.24[cal]であるから，熱エネルギHは

$H=1,000\times3,600\times0.24$[cal]＝$860\times10^3$[cal]＝860[kcal]

例題 3.8　20[℃]の水300[ℓ]を40[℃]に温めるのに3 [kW]の電熱器を用いると，時間はどれほどかかるか。ただし，発生した熱量はすべて水に与えられるものとする。

解答　必要な熱量をH[cal]とすれば

$H=300\times10^3\times(40-20)=6\times10^6$[cal]

電熱器の使用時間をt[s]とすれば，発熱量H'は

$H' = 0.24 \times 3 \times 10^3 t$[cal]

発生した熱量はすべて水に与えられるから，$H = H'$とおいて t を求めると

$t = 9,259$[s]＝2[h]35[min]

※1[cal]とは，1[g]の水を1[℃]上昇させるに必要な熱量である。

3.2　エネルギ変換機器とその原理

3.2.1　発電機と電動機

(1)　エネルギ変換

発電機はタービンやディーゼルエンジンなどの原動機によって磁石を回転させ，その周囲に固定された導体から電気エネルギを発生する。また，この発電機に逆に電力を加えると，回転力を発生する。すなわち，発電機は電動機でもある。図3.3に示すように，原動機による機械エネルギを電気エネルギに変換するのが発電機，電気エネルギを供給して機械エネルギを取り出すのが電動機である。電動機と発電機は構造が同じで，可逆的な電気—機械エネルギ変換機である。

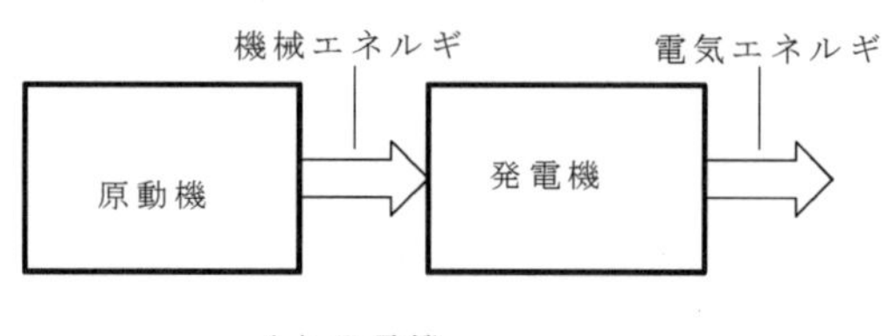

(a) 発電機

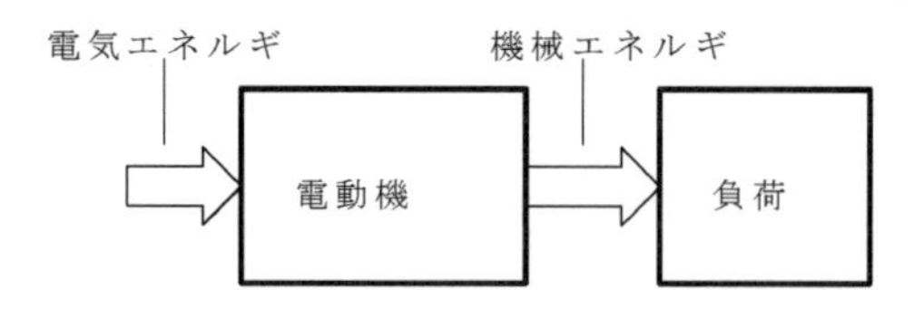

(b) 電動機

図3.3　発電機と電動機のエネルギ変換

⑵　フレミングの法則

①　起電力の法則

図3.4⒜において，導体に誘起される起電力eの大きさは

$$e = vBl\,[\mathrm{V}] \tag{3.8}$$

で与えられる。その方向は図⒝に示すフレミングの右手の法則によって決めることができる。ここで，B：磁束密度[T]＝[Wb/m²]，l：導体の長さ[m]，v：導体の速度[m/s]。なお，[T]はテスラ，[Wb]はウエーバーと読む。

②　電磁力の法則

図3.5⒜において，導体に働く電磁力fの大きさは

$$f = iBl \quad [\mathrm{N}] \tag{3.9}$$

で与えられる。その方向は図3.5⒝に示すフレミングの左手の法則によって決めることができる。ここで，i：導体に流れる電流［A］。

⑶　発電機の基本原理

図3.6の導体に外部抵抗R［Ω］を接続する。すると，起電力と同じ方向に，次式の電流i［A］が流れる。

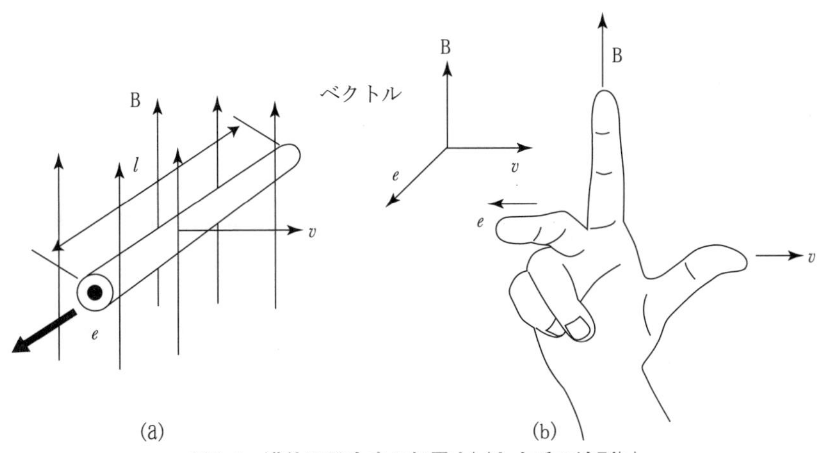

図3.4　導体に発生する起電力⒜と右手の法則⒝

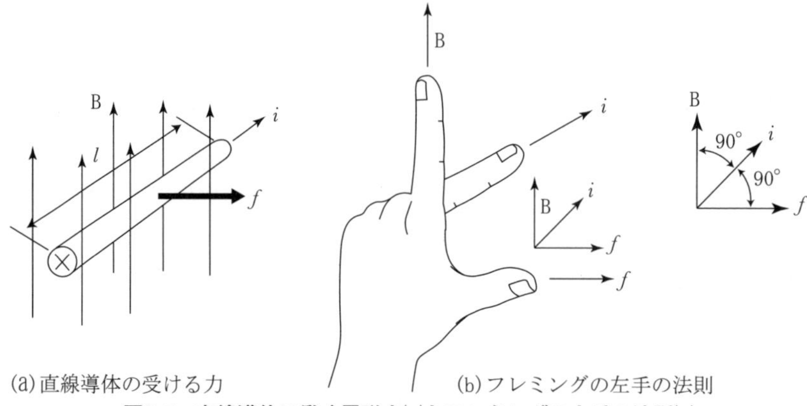

(a)直線導体の受ける力　　　(b)フレミングの左手の法則

図3.5　直線導体に働く電磁力(a)とフレミングの左手の法則(b)

$$i=\frac{e}{R}\quad[\mathrm{A}]\qquad(3.10)$$

また，次式の電力Pが生じる。

$$P=e\,i=i^2R\quad[\mathrm{W}]\qquad(3.11)$$

eiは磁界中の導体の運動により生じた電力，i^2Rは外部抵抗，すなわち，負荷に供給される電力である。導体の運動は，たとえば，ディーゼルエンジンなどで導体を動かすと考えればよい。

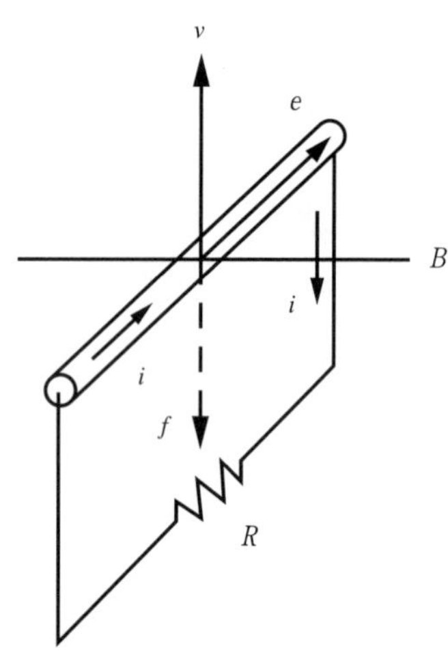

図3.6　直線導体に抵抗Rを接続した図

ここで，この動かされている導体には，iが流れているので電磁力の法則が適用される。電磁力f[N]が運動を妨げる方向に働き，運動を制止することになる。したがって，負荷に電流iを継続して流すためには，この電磁力fに打ち勝つ機械力を外部から供給し，運動を続ける必要がある。このときの機械動力をP_M[W]とすると

$$P_M=fv=(iBl)\cdot v=(vBl)\cdot i=e\,i=P\quad[\mathrm{W}]\qquad(3.12)$$

となる。これが，供給された機械動力P_Mを電力Pにエネルギ変換する発電機の原理である。

(4)　電動機の基本原理

図3.7に示すように，導体に外部直流電源を接続する。すると，図に示す方向に電流i[A]が流れる。この導体には電磁力の法則が適用され，式（3.9）の電磁力f[N]が生じ，fの方向に導体が運動する。このときの速度をv[m/s]とすると，起電力の法則により電流i[A]と逆方向に起電力e[V]を生じる。引き続き電流iを維持するためには外部電源からこの起電力eと同じ大きさで反対向きの電圧を加えなければならない。このときの外部電源から供給する電力をP[W]とすると

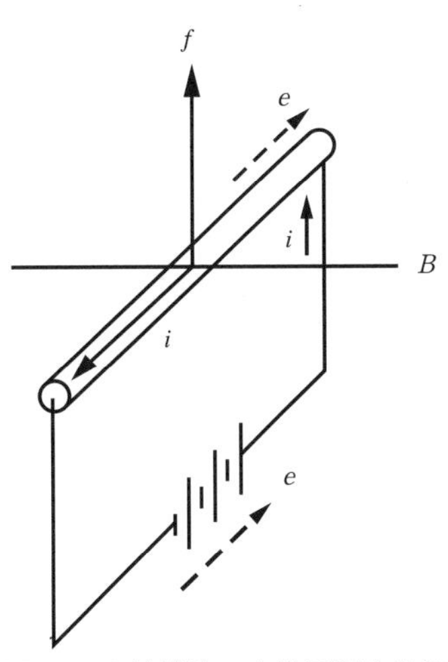

図3.7　直線導体に直流電源を接続した図

$$P = ei = (vBl)\cdot i = (iBl)\cdot v = fv = P_M \quad [\mathrm{W}] \tag{3.13}$$

となる。これが，供給された電力Pを機械動力P_Mに変換する電動機の原理である。

回転機械においては，力f[N]の代わりにトルクT[Nm]を使用する。導体の円運動の半径をr[m]とすると

$$T = fr \quad [\mathrm{Nm}],\quad \omega = v/r \quad [\mathrm{rad/s}] \tag{3.14}$$

なので，次式が成立する。ただし，ωは角速度[rad/s]

$$T\omega = fv = P_M \quad [\mathrm{W}] \tag{3.15}$$

例題 3.9　フレミングの右手則

図3.4において，磁束密度$B = 1.0$[T]，導体の長さ$l = 1.0$[m]，速度$v = 1.0$[m/s]としたとき，導体に発生する起電力e[V]を求めよ。

解答　$e = 1.0 \times 1.0 \times 1.0 = 1.0$[V]

例題 3.10　フレミングの左手則

図3.5において，磁束密度$B=1.0$[T]，導体の長さ$l=1.0$[m]，電流$i=1.0$[A]としたとき，導体に受ける電磁力fを求めよ。単位は[N]および[kgf]で求めよ。

解答 $f=1.0\times1.0\times1.0=1.0$[N]

$=1.0/9.8=0.102$[kgf]　　$\because$ 1 [kgf] = 9.8[N]

例題 3.11 発電機の基本原理

図3.6において，磁束密度$B=0.5$[T]，導体の長さ$l=0.4$[m]，速度$v=20$[m/s]，外部抵抗$R=0.1$[Ω]としたとき，起電力e[V]，電磁力f[N]を求めよ。

解答 $e=4$[V]，$f=8$[N]

例題 3.12 回転機械のトルク

出力$P_M=1$[kW]，回転数$N=1,500$[rpm]の回転機械のトルクはいくらか。単位は[Nm]および[kgf・m]で求めよ。

解答 まず，角速度$\omega=2\pi n=2\pi N/60$[rad/s]を求める。ここで，n：毎秒回転数[rps]，N：毎分回転数[rpm]

$\omega=2\pi\times1,500/60=50\pi$[rad/s]

トルクTは

$T=P_M/\omega=1,000/(50\pi)=6.36$[Nm]

$=6.36/9.8=0.64$[kgf・m]　　$\because$ 1 [kgf] = 9.8[N]

3.2.2 変圧器

(1) エネルギ変換

変圧器は，交流電圧を高くしたり，低くしたりするのに使われる。変圧器の一種である変流器では，交流電流を大きくしたり小さくしたりするのにも使われる。変圧器は損失を無視すれば，入力電力と出力電力は同じで，電圧と電流の大きさを変える電力変換器である（図3.8）。

いま，一次，二次電圧をV_1，V_2[V]，一次，二次電流をI_1，I_2[A]，一次，二次巻線の巻数をN_1，N_2とすると次の関係がある。

$$\frac{V_1}{V_2}=\frac{N_1}{N_2}\quad\frac{I_1}{I_2}=\frac{N_2}{N_1}\tag{3.16}$$

$$P_1 = V_1 I_1 = V_2 I_2 = P_2 [\mathrm{VA}] \quad (3.17)$$

なお，発電機，電動機および変圧器は電気機器と総称されているが，電磁誘導現象を応用したエネルギ変換機器なので，以下，電磁誘導機器とよぶ。

図3.8　変圧器のエネルギ変換

3.2.3　パワーエレクトロニクス機器

(1)　コンバータとインバータ

電力の形態には直流と交流がある。商業電源や舶用発電機の電源は交流であるため，大容量の直流を必要とする場合，たとえば，直流電動機を運転するときには交流を直流に変換する装置が必要になる。この変換を順変換といい，その装置を整流装置または順変換器（コンバータ）とよばれる。従来，この装置には交流電動機と直流発電機を組み合わせた電動発電機（MG方式という）が用いられたが，現在ではサイリスタを用いた電力変換装置が使われる。

サイリスタはスイッチング特性を有する電力用半導体整流素子である。この大電流をスイッチングできるサイリスタの機能を活用し，この素子を組み合わせることにより，直流から交流への変換が行われる。この変換を逆変換といい，その装置を逆変換器(インバータ)という（図3.9）。

このように，サイリスタやパワートランジスタなどの電力用半導体スイッチング素子を用いて電力変換を行う分野をパワーエレクトロニクスとよんでいる。

○サイリスタ

pnpn半導体スイッチ素子を総称

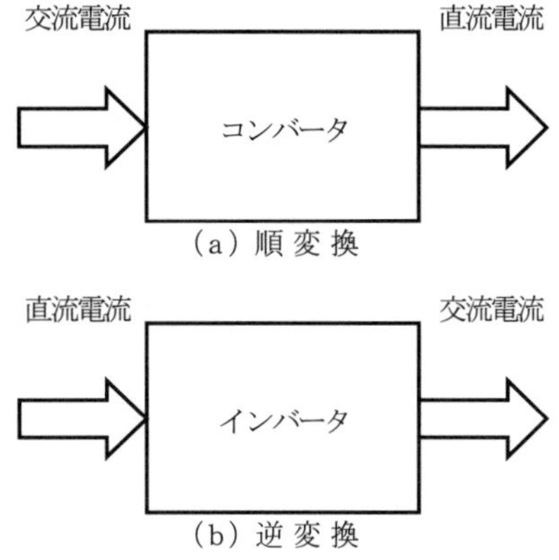

図3.9　コンバータとインバータ

してサイリスタとよんでいる。サイリスタには二端子，三端子，あるいは四端子素子がある。また，通電方向によって一方向性と二方向性素子がある。これらの中で代表的なものが逆阻止三端子のシリコン制御整流素子（silicon controlled rectifier, SCR）である。単にサイリスタといえば，これをさす。図3.10(a)に図記号を示す。また，その動作は図3.10(b)に示すようにダイオードとスイッチが直列になったものと考えてよい。スイッチをいれると，ダイオードに順方向電圧が加わっているとき電流が流れる。SCRが導通することを点弧またはターンオンといい，サイリスタが導通状態から非導通状態になることを消弧またはターンオフという。いま，SCRの順電圧降下（1.5V程度）を無視すると，図3.10(c)の負荷電圧e_dは図3.10(d)の太線のようになる。

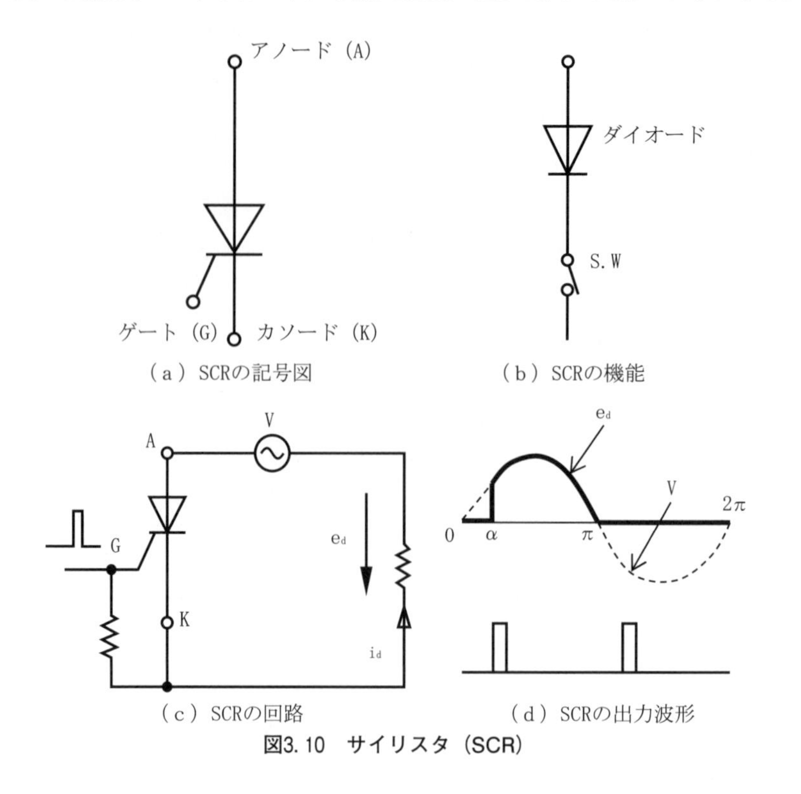

図3.10 サイリスタ（SCR）

αを点弧角いい，αを調整することによってe_dの平均値を加減することができる。これを位相制御といっている。

例題 3.13　次の文中の（　　）に適合する字句を記せ。

①P形およびN形半導体が4層からなっている負性抵抗を有する素子を(ア)といい，また，負性抵抗特性は，(イ)特性と呼ばれている。

②上記(ア)の代表的な素子には，SCRがある。その3端子を(ウ)，(エ)および(オ)という。

解答　(ア)サイリスタ　(イ)スイッチング　(ウ)アノード
(エ)カソード　(オ)ゲート

例題 3.14　次の文中の（　　）に適合する字句を記せ。

①サイリスタは，トランジスタに比べて1素子で(ア)な電力が制御できる一方向導通素子である。その動作は，ダイオードと(イ)が直列になったものと考えてよい。(イ)を入れると，ダイオードに(ウ)方向電圧が加わっているとき電流が流れる。

②サイリスタが導通することを(エ)とよび，サイリスタが導通状態から非導通状態になることを(オ)とよんでいる。

解答　(ア)大き　(イ)スイッチ　(ウ)順
(エ)ターンオン　(オ)ターンオフ

例題 3.15　次の文中の（　　）に適合する字句を記せ。

電力変換に応用されるサイリスタでは，交流電圧を整流して位相制御を行って(ア)変換する(イ)や，直流電源から交流出力を得る(ウ)変換をする(エ)などがある。さらに，(イ)と(エ)を組み合わせた(オ)変換もある。

解答　(ア)順　(イ)コンバータ　(ウ)逆　(エ)インバータ　(オ)周波数

3.2.4　電磁誘導機器の分類

(1)　分類

電磁誘導機器で，現在使用されている代表的なものを分類すると次のようになる。

- 回転機
  - 直流機 ………………… 直流電動機，直流発電機
  - 交流機
    - 同期機 …… 同期電動機，同期発電機
    - 非同期機 …… 誘導電動機
- 静止器 ………………………………… 変圧器

回転部があるかないかで回転機と静止器に分けられる。回転機は電力の形態により直流機（DC machine）と交流機（AC machine）に，交流機は回転子が同期速度で回転する同期機と同期速度で回転しない非同期機に分類される。非同期機はさらに誘導機と整流子機に分類される。

(2) 同期速度

同期速度n_sは次式で与えられる回転速度である。

$$n_s = \frac{f}{p}\,[\mathrm{rps}] = 60\frac{f}{p}\,[\mathrm{rpm}] = \frac{60f}{P/2} = \frac{120f}{P}\,[\mathrm{rpm}] \qquad (3.18)$$

ただし，f：電源の周波数[Hz]，p：電気機械の極対数，P：電気機械の極数

すなわち，同期速度は，周波数に比例する回転速度である。

(3) 同期電動機と誘導電動機の原理

図3.11に，交流モータの原理を示す。図3.11(a)は二つの磁石から構成されている。外側の磁石（固定子）を回転速度n_sで回転させる（回転磁界）と，中側の磁石（回転子）は異極間の吸引力のために引きずられて速度n_sで回転する。これが同期電動機の原理である。回転子が回転磁界と同じ速度で回転するところが特徴である。

これに対して，図3.11(b)は回転子の磁石を銅の円筒に置き換えたものである。固定子の磁石を導体の周りに回転させると，導体も磁石と同じ方向に少し遅れて回転する。この原理を簡単に説明すると，磁石を導体の周りで動かすと導体が磁束に切られて導体に誘導電圧が生じ（フレミングの右手則），円筒に誘導電流が流れる。この電流と磁石の磁束との間に働く電磁力（フレミングの

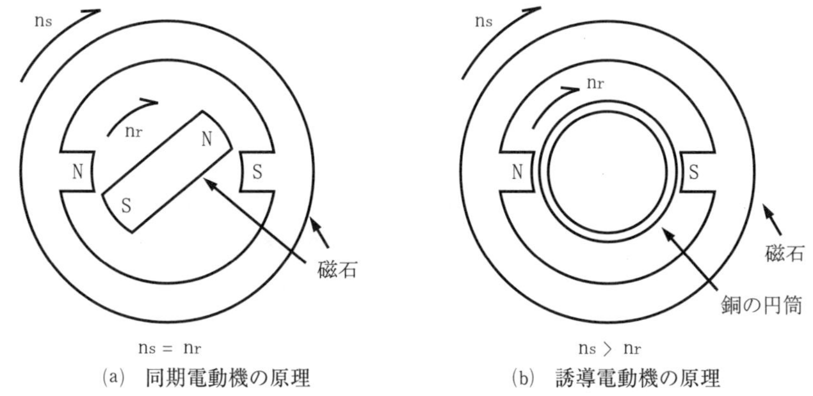

(a)　同期電動機の原理　　(b)　誘導電動機の原理

図3.11　交流電動機の原理

左手則)によって回転力が作られるのである。これが誘導電動機の原理である。

いずれにしても，磁石を手で動かしたのでは電動機とはいえない。これを電気的に回転させる必要がある。すなわち，交流電動機では回転する磁界―回転磁界―を作る必要がある。

(4)　直流機

直流発電機は，順変換器の発達により直流電源としてあまり用いられない。直流電動機は容易に速度制御ができ，所用の負荷特性が得られるので船舶ではウィンチ，クレーン，自動制御系などに用いられる。直流電源を電動発電機で得る場合をワードレオナードシステムという。また，サイリスタを用いて直流電力を得る場合の装置を静止レオナードシステム，またはサイリスタレオナードシステムという。

(5)　同期機

交流発電機は同期発電機が用いられる。同期電動機は同期速度で回転するので，負荷の大小によらず一定回転で回転する。低速運転の場合は誘導電動機よりも適している。

(6)　誘導機

誘導電動機は交流電源の相数により，三相機と単相機に分けられる。三相誘導電動機は動力用として最も広く用いられる。通称，モータといえば，三相誘導電動機のことをさす。家庭やオフィスのように単相電源しか得られない場合は，単相誘導電動機が用いられる。誘導電動機は回転子導体がかご型構造になっているので，丈夫で安価，高効率という特徴がある。欠点は速度制御が難しいということであった。ところが，インバータの発達により電源周波数を容易に変えることができるようになったので，誘導電動機の可変速運転が可能となった。

現在では，パワーエレクトロニクスと電磁誘導機器の両方の知識が舶用エンジニアにとって欠かせないものになっている。

3.3　電　池

電池は化学電池と物理電池がある。化学電池は化学反応エネルギとして蓄えたエネルギを電気エネルギとして取り出して起電力を発生させるものである。物理電池は光や熱などの物理エネルギから起電力を発生させる。一般に電池と言われているのは化学電池である。以下では化学電池を電池と呼ぶことにする。電池は図3.12のように正極，負極の電極と電解液，セパレータ，容器で構成される。正極と負極で化学反応が起こることで起電力が発生する。電池には２種類のタイプがある。一つは１次電池と呼ばれ，１度使い切ると再度使うことはできないものである。もう一つは２次電池と呼ばれ，１度使い切っても，電気エネルギを化学エネルギとして蓄え直すことができるものである。２次電池は蓄電池とも呼ばれる。１次電池，２次電池はそれぞれの用途に合わせて用いられている。電池に電気エネルギを与えて化学エネルギの形で電池に蓄えておくことを充電と呼び，逆に電池の化学エネルギを電気エネルギとして消費することを放電と呼ぶ。

ここでは鉛蓄電池とリチウムイオン蓄電池について紹介する。鉛蓄電池は負

極に鉛，正極に二酸化鉛，電解液に希硫酸を用いて構成され，公称電圧は［2 V］である。放電と充電の際の化学変化は

$$Pb + PbO_2 + 2H_2SO_4 \rightleftarrows 2PbSO_4 + 2H_2O$$

で示される（左辺から右辺の反応が放電，右辺から左辺の反応が充電）。鉛蓄電池は自動車のバッテリとして用いられている。また船舶では直流電源として非常灯や通信装置の電力として用いられている。リチウムイオン電池は負極に炭素，正極にコバルト酸リチウム（リチウム金属酸化物），電解質に有機溶媒を用いて構成され，公称電圧は3.7［V］である。充電と放電の際の化学変化は

$$Li_{1-x}CoO_2 + Li_x(C) \rightleftarrows LiCoO_2$$

で示される（左辺から右辺の反応が放電，右辺から左辺の反応が充電）。リチウムイオン電池はスマホのバッテリとして用いられている。また，電気推進船ではリチウムイオン蓄電システムに用いられている。この装置は発電機で作った電力を蓄えたり，発電機の発電量が足りないときに電力を供給したりすることで，電力を調整することができる。

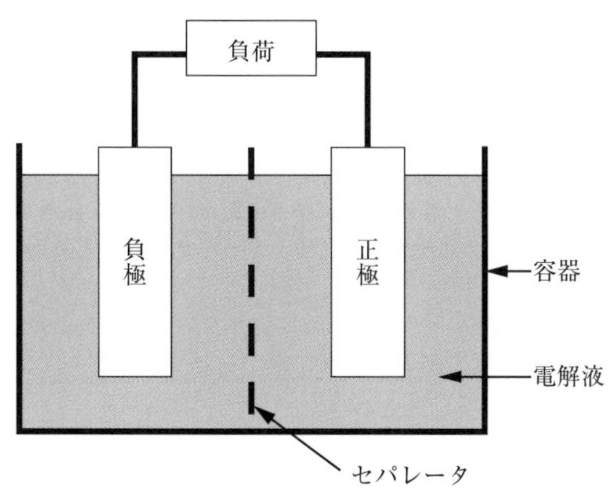

図3.12　電池の構成

■演 習 問 題■

3.1　電池から15.8[A]の電流を取り出しているとき，端子電圧は10[A]であったという。回路を開いた場合の端子電圧を求めよ。ただし，この電池の内部抵抗は0.1[Ω]である。

解答　11.58[V]

3.2　100[V]の電圧を1,200[Ω]の抵抗に加えるときの電力[W]はいくらか。

解答　8.33[W]

3.3　電球（100[V]，0.6[A]）8個を5時間点灯したときの電力量[Wh]はいくらか。

解答　2.4[kWh]

3.4　100[V]で3.5[A]の電流が流れている鉄線から1時間に発生する熱量[cal]はいくらか。

解答　301[kcal]

3.5　2[kW]の電熱器によって，9[℃]の水100[ℓ]を95[℃]に暖めるにはおよそ何時間[h]かかるか。ただし，発生した熱量は全部水に与えられるものとする。

解答　5時間

3.6　電動機が10[kgf·m]のトルクを発生して1,450[rpm]で回転している。このときの動力（出力，Power）[W]はいくらか。

解答　14.9[kW]

3.7　5,000[kW]，600[rpm]の定格をもつ電動機がある。定格出力のときのトルク[N·m]およびトルク[kgf·m]はいくらか。

（答）　7.95×10^4[N·m]　8.11×10^3[kgf·m]

3.8　6極機の同期発電機がある。60[Hz]の交流電圧を発生させるには毎分何回転で回転させればよいか。

解答　1,200[rpm]

3.9　磁束密度0.2[T]の平等磁界内に長さ0.5[m]の電線を磁界の方向と90°におき，これに12[A]の電流を流すとき，いくらの力を生じるか。

解答　1.2[N]

3.10　1.4[T]の平等磁界内に長さ1[m]の導体を磁界の方向と垂直に置き，これを100[m/s]の速度で磁界と垂直に動かすと，どのくらいの起電力eが生じるか。

解答　140[V]

第4章　制御・情報工学

4.1　制　御

4.1.1　制御とは

制御とは「ある目的に適合するように，対象となっている物に所要の操作を加えることである。」と定義される。車の運転や船の操船を思い浮かべるとわかりやすい。車の運転では，対象となっている物が車で，目的が道路に沿って左車線の真中を走るというのだと考えると，所要の操作がハンドルを操作することだとわかる。この所要の操作について分解して考えよう。まず，目的に適合して走っているかどうかは運転する人が目で判断する。つまり，人の目がセンサとしての役割を果たす。次に，もし目標とのずれを発見したときはそのずれがなくなるように人がハンドルを操作する。たとえば，図4.1のように車が左に寄り過ぎていたときは，ずれとは逆の右方向へ行くようにハンドルを操作する。これらの動作を手動制御といい，このような動作を人の手を介さず，機械や装置に自律的に動作させることを自動制御という。

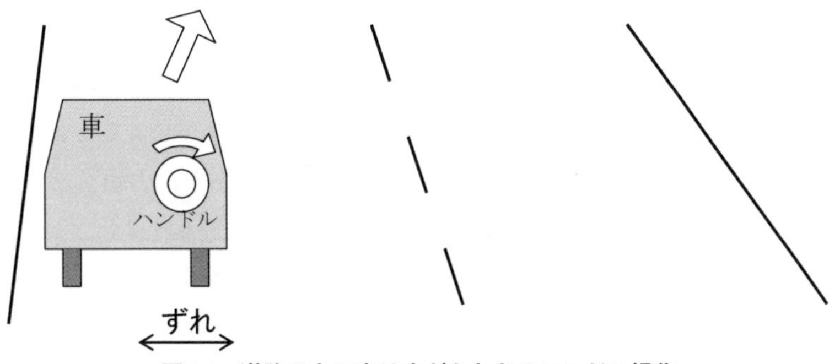

図4.1　道路の左に寄りすぎたときのハンドル操作

4.1.2　自動制御の方法

自動制御の方法はフィードバック制御，とシーケンス制御に大別される。また，フィードバック制御の欠点を補う目的として，フィードフォワード制御がある。

⑴　フィードバック制御

フィードバック制御とは，制御量を目標値と比較して一致させるように修正動作を行う制御。

⑵　フィードフォワード制御

前述のフィードバック制御は「結果をみてから修正する制御」であることから，外乱に弱いという欠点をもっている。そこで，目標値や外乱などの情報に基づいて，操作量を決定する制御として，フィードバック制御に付加して，フィードフォワード制御を用いる。

⑶　シーケンス制御

シーケンス制御とは，あらかじめ定められた順序に従って制御の各段階を逐次進めていく制御。例として，船舶が航行中にブラックアウトした場合の自動給電および推進に関連する補機の自動始動の制御に使用されている。

4.1.3　フィードバック制御

自動制御の例として，給湯の温度制御を図4.2に示す。もし，信号の流れが図4.3のように設定温度が50℃で現在のお湯の温度が47℃であれば，ずれの値（偏差）は＋3℃となる。これにより，おおよそ，調節器から制御弁には弁を開けるように信号が行く。弁の開度が大きくなると燃料の流量が増え，バーナーの炎が強くなり，給湯の温度が上昇し，50℃に近づいていくことになる。設定温度である目標値に対して，実際のお湯の温度である出力値を常に比較し，フィードバックをすることから，フィードバック制御と呼ばれ，制御系の中で信号をループさせていることから，閉ループ制御ともよばれる。

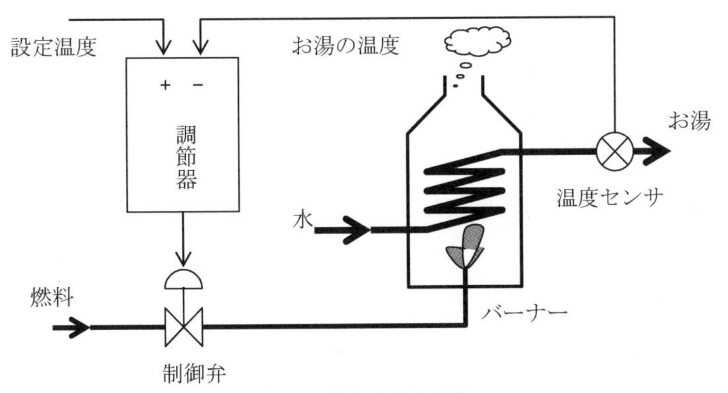

図4.2 給湯の温度制御

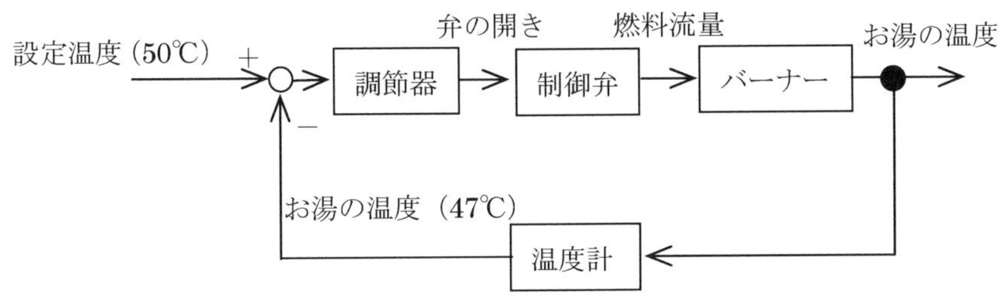

図4.3 給湯の温度制御における信号の流れ

4.1.4 フィードバック制御の分類

フィードバック制御は制御する対象や使用目的によって次の3つに分類される。

(1) サーボ機構

物体の位置，方位，姿勢等を制御量として，目標値の任意の変化に追従するように構成された制御系をサーボ機構という。例として，オートパイロットやエンジンテレグラフがある。

(2) プロセス制御

温度，圧力，液位，組成等を制御量として，目標値の時間経過にともなう変化に追従するように構成された制御系をプロセス制御という。例として，ディーゼル機関入口の燃料油の粘度調整がある。

(3)　自動調整

電圧，周波数，回転速度などを制御量として，目標値に一定になるように構成された制御系を自動調整という。例として，ガバナがある。

4.1.5　自動制御の基本動作

全ての例に共通するフィードバック制御の4つの基本動作とは検出，比較，判断，操作のことである。フィードバック制御とは「制御量を目標値に一致させるために，制御量を検出し，目標値と比較し，その偏差に応じた修正動作行わせる制御」と説明される。

ある制御システムが分割された入力と出力を持つ部分のことを要素といい，ある入力に対する出力のことを応答という。また，それらの間の信号の流れを示した図をブロック線図という。ブロック線図と自動制御の基本構成の説明を図4.4に示す。

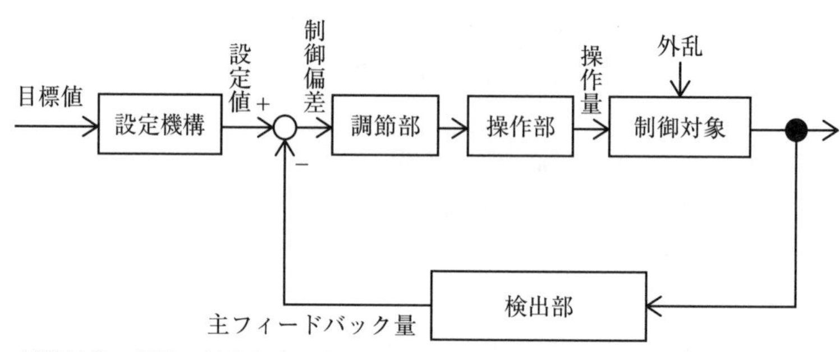

① 制御対象：制御の対象となるもの
② 制御量：制御される物理量
③ 操作量：制御量を変化させる原因側の物理量
④ 外乱：制御量が目標値に一致するのを妨げるように外部から作用する障害
⑤ 目標値：目標となる値
⑥ 設定値：電圧に変換された目標値
⑦ 調節部：制御偏差をもとに制御するのに必要な信号を作り出して操作部へ送り出す
⑧ 操作部：調節部からの信号を操作量に換え制御対象に働きかける

図4.4　ブロック線図

4.1.6 船舶におけるフィードバック制御の例

船舶におけるフィードバック制御の例として操舵装置を取り上げる。図4.5に操舵装置の概要と図4.6に操舵装置のブロック線図を示す。

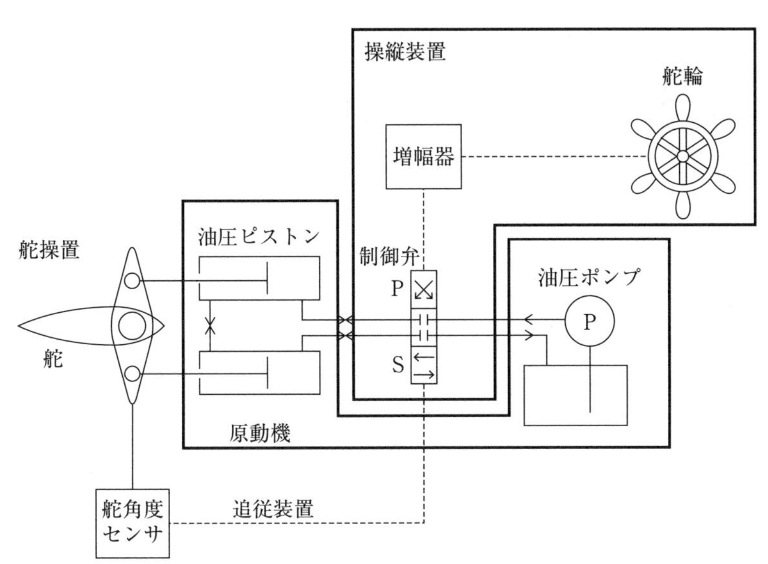

図4.5 操舵装置の概要

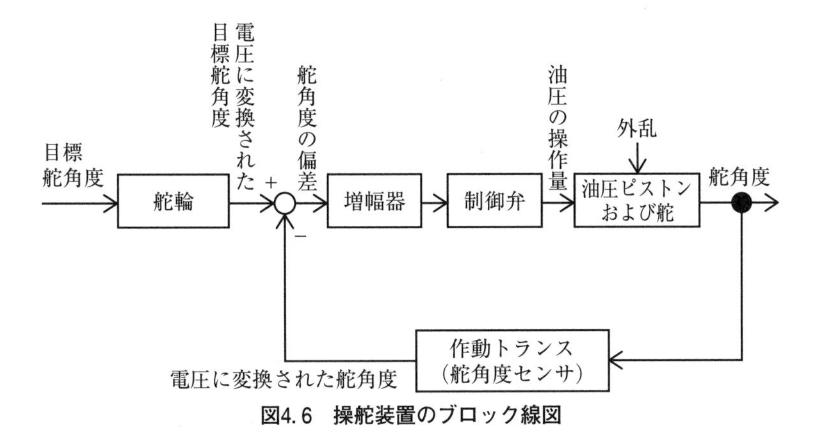

図4.6 操舵装置のブロック線図

4.1.7　自動制御の性能評価

自動制御の良し悪しを調べる代表的な方法として，ステップ応答という方法がある。これは，たとえば，給湯の温度制御の場合，目標値である設定温度を50℃から80℃へ急に変更して，出力であるお湯の温度がどのように制御され80℃に近づいていくかを時間とともに観察する方法である。これは目標値の変更後に制御する出力値（制御量）が落ち着くまでの過程を見るので，過渡特性に分類される。

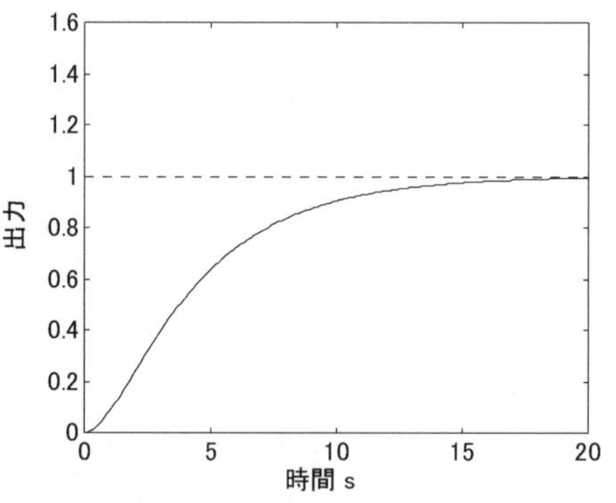

図4.7　遅いステップ応答

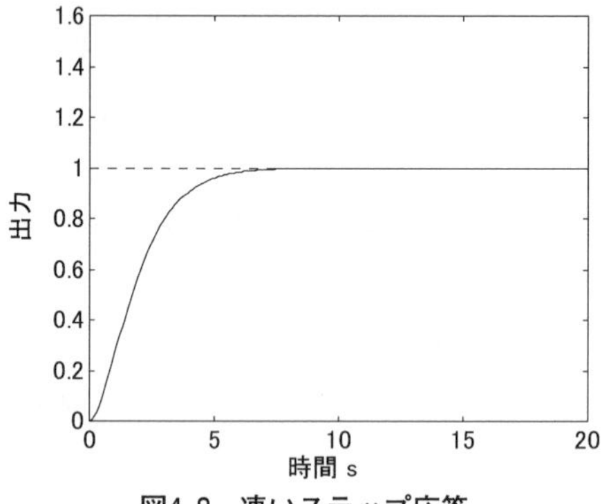

図4.8　速いステップ応答

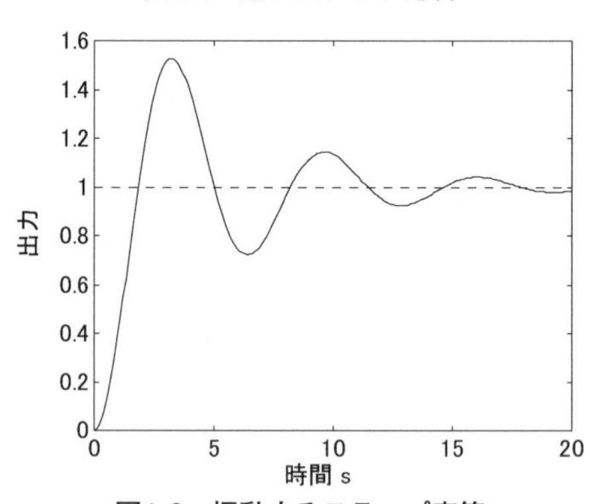

図4.9　振動するステップ応答

図4.7～4.9にステップ応答の例を示す。これらは，時間0秒に目標値を0から1に変更したときの制御する出力値（実線）が0から1（破線）に向かっていく時間変化の様子の例である。出力値が新しい目標値の1にできるだけ速く一致するのが良い。したがって，図4.7よりは図4.8の制御が良いといえる。しかし，図4.9は応答が速いが，出力が目標値の1の周りで大きく振動しているので，結局，出力が落ち着くのに時間がかかってしまっている。用途にもよ

るが，多少の振動が許される場合，図4.8と図4.9の中間的な図4.10がより良い制御によるステップ応答であるといえる。また，図4.11に過渡特性の波形を示し，過渡応答中に生じる出力変化の状況を表す指標とその定義について説明する。

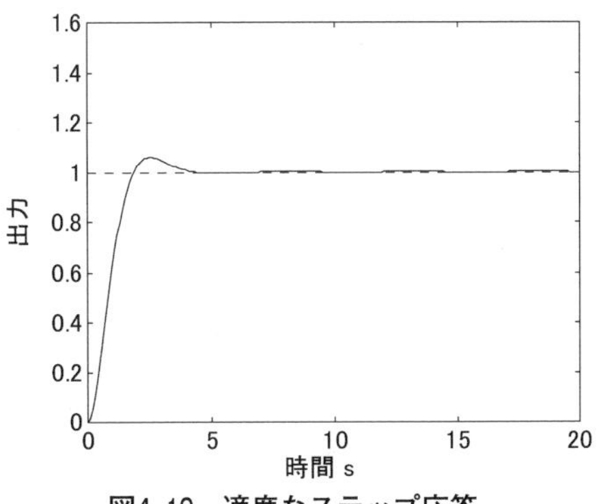

図4.10 適度なステップ応答

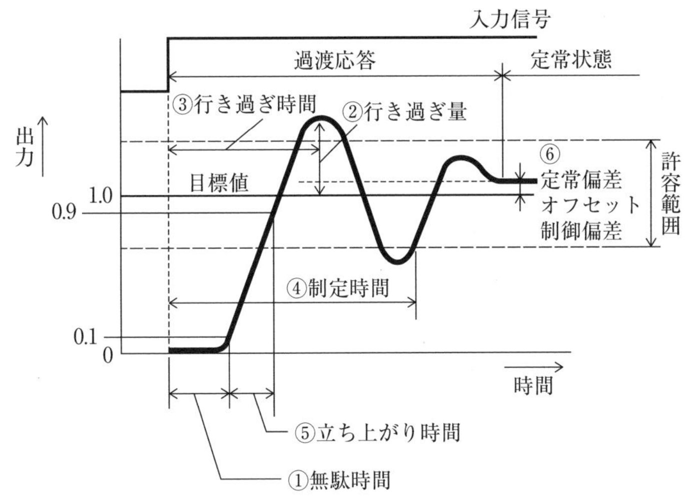

① 無駄時間：入力が入った時点から操作量が変化し始めるまでの時間
② 行き過ぎ量：ステップ応答において出力が目標値を超えて最初に取る過渡応答の最大値と目標値の偏差
③ 行き過ぎ時間：行き過ぎ量に達するまでの時間。
④ 制定時間：出力が許容範囲から外れなくなるまでの時間
⑤ 立ち上がり時間：ステップ応答において出力がその最終変化量の10%～90%に変化するのに要した時間
⑥ 定常偏差（オフセット）：過渡応答において十分に時間が経過して一定値に落ち着いたときの制御偏差の値

図4.11 過渡特性

4.1.8　制御動作の種類

制御動作として次のものがある。ON-OFF動作とPID動作について図4.12に示す。

⑴　ON-OFF動作

偏差がある値より大きいときONになり修正出力をし始め，偏差がゼロになったときOFFになり修正出力を止める制御動作。動作が単純で丈夫であるが，制御量の変動が大きい。

⑵　比例動作・P動作（Proportional：比例）

偏差に比例した修正出力を行う制御動作。ON-OFF動作に比べて滑らかで精密な制御を実現する。

⑶　積分動作・I動作（Integral：積分）

偏差の時間積分値に比例した修正出力を行う制御動作。比例動作だけでは定常偏差（オフセット）が発生してしまうため，比例積分動作（PI動作）により定常偏差（オフセット）を取り除く。

⑷　微分動作・D動作（Differential：微分）

偏差の時間微分値に比例した修正出力を行う制御動作。振動を取り除き，応答を改善する。一般に比例積分微分動作（PID動作）として外乱の影響などによる急激な変化に反応して修正出力を行う。

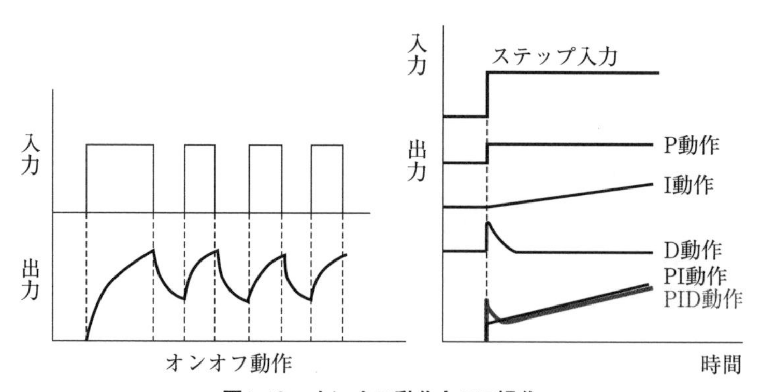

図4.12　オンオフ動作とPID操作

4.1.9 フィードフォワード制御

あらかじめ，制御の対象となる系（入力と出力があるもの：system）と動作環境についてよく調べておくと，必ずしもフィードバックをしなくても目標値と一致した値を出力させることができる。系の癖のようなものや動作環境の変化に対する補正を予め入力に付加して操作することによって行われる。この方法をフィードフォワード制御という。

しかし，完全に系の癖を把握するのが難しいので，フィードフォワード制御はフィードバック制御と組み合わせて用いることが多い。たとえば，図4.2や図4.3の給湯の温度制御では，給湯量（水流量）が増えると給湯温度が一旦下がってしまうが，水流量の増加に応じて燃料の流量を増やす仕組みを設けると，温度の低下が少なくてすみ，給湯温度をすぐに目標値に一致させることができる。図4.13の給湯の温度制御には破線で囲ったところにこの水流量に応じて燃料流量を操作するフィードフォワード制御が組み込んである。このようにフィードフォワード制御はフィードバック制御が安定して行われるのを助けることができる。フィードバック制御は目標値と現在出力のずれが生じてから修正操作を系に加えるのに対して，フィードフォワード制御はずれが生じる前に修正操作を加えるのが特徴である。フィードフォワード制御は，制御系の中で

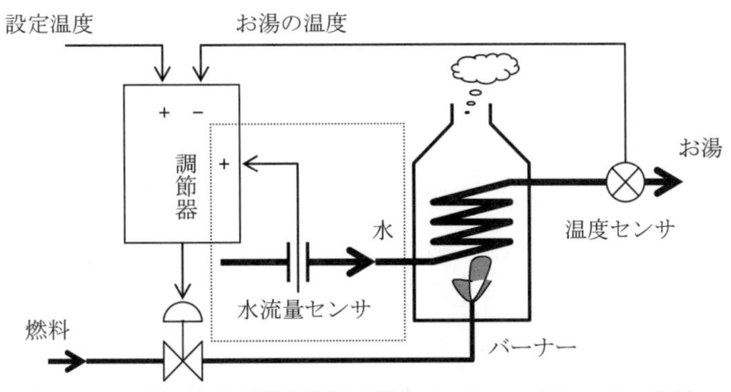

図4.13 水流量により燃料流量を操作するフィードフォワード制御を加えた給湯の温度制御

信号が一方的に送られ，ループしないことから，開ループ制御ともよばれる。

4.1.10　シーケンス制御

シーケンス制御とは，予め複数の動作の手順を決めておき，前の動作の結果を基に次の動作を行うことを繰り返すことで，全体としてある目的の作業を行う制御方法である。たとえば，洗濯機では，「スイッチの操作待ち」—「スタートスイッチが押されると空回りで洗濯物の量を調べる」—「水を入れる」—「水が必要な量になったら洗濯をする」—「排水」—「水が無くなったら一定時間脱水する」—「水を入れる」—「水が必要な量になったらすすぎをする」—「排水」—「水が無くなったら一定時間脱水する」—「ブザーを鳴らし終了を知らせる」—「スイッチの操作待ち」のように複数の手順を繰り返して洗濯作業を自動で行う。実際の洗濯機はもっと細かな手順が決められていて，動作のやり直しや安全のための機能なども組み込まれている。また，他に水の汚れ具合や布の状態などによって手順が細かく変更されるものもあり，TVコマーシャルでよく見かける。これらは基本的にシーケンス制御によって次々と動作手順が作り出される。船用では三相モータの起動や停止，エンジンやタービンの起動や停止などが代表的な適用例である。

4.1.11　シーケンス制御に関連する用語

シーケンス制御に関連する用語について次に列記する。

① リレー：コイルに与えられる入力信号（電圧，電流）によりスイッチ（接点機構）の開閉を行うもの。

② a接点・メーク接点：初期状態がOFFで，操作するとONになる接点。

③ b接点・ブレイク接点：初期状態がONで，操作するとOFFになる接点。

④ 励磁：電磁石コイルに電流が流れ磁力が発生すること。

⑤ 消磁：励磁の逆。電磁石のコイルの電流が切れて磁力がなくなること。

⑥ 自己保持回路：リレーが持っている接点を利用して，リレーの動作を保持する回路

⑦ インターロック回路：同時に２つの動作をさせないための禁止回路

4.1.12 船舶におけるシーケンス制御の例

船舶におけるシーケンス制御の例として，機関室の通風装置を取り上げる。機関室の通風装置は給気と排気のどちらも可能であるが，これは三相誘導電動機の３本ある電源線のうちの２本を入れ変え，位相を逆にすることにより，電動機（IM）を逆転させる。三相誘導電動機の正転始動，逆転始動，正転時からの停止のシーケンスの流れについて図4.14に示す。

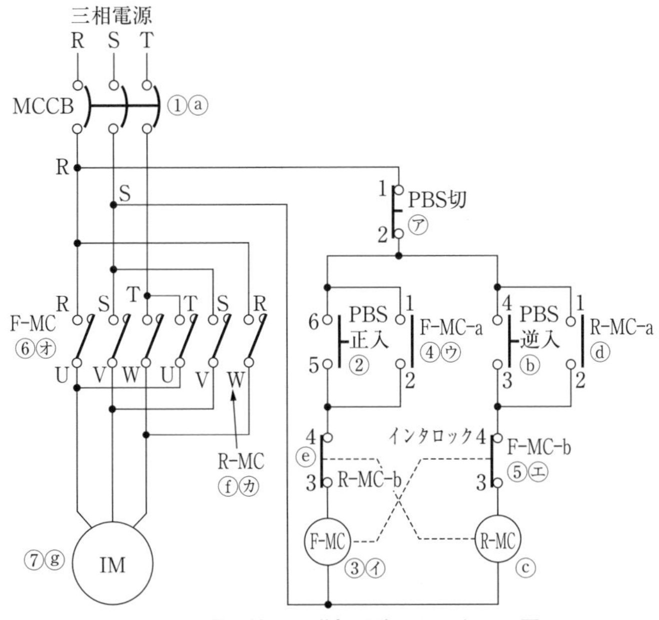

図4.14 電動機の正逆転回路のシーケンス図

(1) 正転時

① MCCB（配線用遮断器）を投入する。

② PBS（プッシュボタンスイッチ）正入を押す。

③ F-MC（コイル）が励磁する。

④ F-MC-a（正転用 a 接点）が閉じる。これにより自己保持回路を形成する。

⑤ F-MC-b（正転用 b 接点）が開く。これによりインターロック回路を形成する。

⑥ 主回路F-MC（正転用主接点）が閉じる。

⑦ 誘導電動機（IM）が正転始動する。

(2) 逆転時

ⓐ MCCB（配線用遮断器）を投入する。

ⓑ PBS逆入を押す。

ⓒ R-MC（コイル）が励磁する。

ⓓ R-MC-a（逆転用 a 接点）が閉じる。これにより自己保持回路を形成する。

ⓔ R-MC-b（正転用 b 接点）が開く。これによりインターロック回路を形成する。

ⓕ 主回路R-MC（逆転用主接点）が閉じる。

ⓖ 誘導電動機（IM）が逆転始動する。

(3) 正転時からの停止

㋐ PBS切を押す。

㋑ F-MC（コイル）が消磁する。

㋒ F-MC-a（正転用 a 接点）が開く。

㋓ F-MC-b（正転用 b 接点）が閉じる。

㋔ 主回路F-MC（正転用主接点）が開く。

㋕ 誘導電動機（IM）が停止する。

4.2 情報処理とデータ

4.2.1 データベースによるデータの取得

近年，世界中で情報技術（Information Technology：IT）に関する発展が急速に進んでいる。個人が当たり前のように携帯端末を用いてネットワークへアクセスすることで，一般的な環境ではいつでも，どこでも自由に様々なデータを入手できるまでにITは進歩している。現在，情報として大量に取り扱うデータは，電子式コンピュータで活用できる状態に符号化された要素であり，これらの要素が利用目的別に蓄積された集合体をデータベースということが多い。多くの要素が蓄積されたデータベースは人間にとって大きな財産だが，ただ単に蓄えられているだけでは価値がなく，データに対して何らかの意味や関連付けを行うことで初めて情報としての価値を見出せる。

例えば，ヒトの設計図である遺伝子配列（DNA）について考える。現在では，DNAの塩基配列は世界各国で解読がなされデータベース化されている。この段階ではDNAの配列はただの文字の羅列だけであり，意味をもたない。この文字の羅列（データ）からゲノム解析などを行うことで，生物学者や薬学者は治療が困難とされる病気に対し，遺伝子レベルで対処できる新薬の開発などを行っている。

このように，ネットワークを利用してデータを入手し，コンピュータを用いて分析する。分析したデータをもとに新たに新薬を開発し，必要とする人に提供することで問題解決を行う。この一連の流れがまさにデータを取り扱った情報処理といえる。このようなデータベースの活用は新薬の開発に限り行われているわけではなく，例えば，構築された気象観測データベースが，船舶の運航技術などに対して活用されている。

4.2.2 センサによるデータの取得

データベースにデータを蓄えるため，各種データが計測されている。計測方法の中でも主要な方法の1つがセンサによる計測である。また，データベースにデータが蓄えられていなくても，センサから瞬時に現在のデータを取得しそのまま情報処理を行う場合も多い。例えば，船速をリアルタイム測定することで，予定通りの運航ができることや機関出力に異常が無いことを確認できる。また，ジャイロコンパス，レーダーなどで計測した情報がECDISに，温度計や圧力計などで計測した情報が機関室の制御モニタなどに集約，加工され出力されている。これらの，センサにより計測した情報を出力するシステムは，より安全な航海を行うために必要とされる情報を提供している。このように情報処理とは，情報の収集，記録，分析，加工，伝達と一連の流れがあるデータの取り扱いであると言える。

船橋

機関制御コンソール

図4.15　情報処理とデータ

4.3　コンピュータ

現在においてのコンピュータは，実質的に電子計算機である。その内部は，トランジスタなどの電子部品や，電子部品を組み合わせたスイッチング回路などの電子回路で構成されている。現在では半導体加工技術の進歩から電子回路（電子部品）の集積率が向上し，小型で高速なコンピュータが利用目的別に開発されている。このような実体をもった装置のことをハードウェアという。一般的にコンピュータはハードウェアだけではただの箱と同じで機能を果たさない。ハードウェアを機能させるためには，目的に対して動作の指示を与え制御を行うプログラムが必要となる。このプログラムのことをソフトウェアという。コンピュータはこのハードウェアとソフトウェアの２大要素で構成されているといえる。これはちょうど“船舶”や“人（航海士，機関士)”と同じように考えることができる。いくら高性能な船舶（ハードウェア）があっても，それを操船する航海士や機関士（ソフトウェア）がいなければ海を安全に航海することはできない。また，優秀な航海士や機関士がいても，船体が無ければ，安全な航海ができないのである。コンピュータも同様であり，必要な動作を行うためには，ハードウェアとソフトウェア両方が必要である。

4.3.1 コンピュータの種類

コンピュータにはいくつかの分類法があるが，コンピュータの種類を表す代表的な用語について以下に示す。

(1) パーソナルコンピュータ（PC）

机に設置して利用するデスクトップ型と携帯して持ち歩くことができるノート（ラップトップ）型がある。現在のコンピュータは，小型かつ，製造コストが低下し，低価格になったことから，業務用のみならず個人用としても普及し発展している。PCの演算速度は増加傾向にあり，すでに数十万～数百万命令毎秒にも達し，製造業や流通業などの様々な業界だけでなく，まさに個人用端末として通信販売などの日常生活全般やデータ処理，書類作成にも用いられている。

(2) サーバーコンピュータ（サーバー）

サーバーとは，ネットワーク環境下で多数のユーザに共有情報や各種サービスを同時に提供する高性能コンピュータを指す。サーバーの構造は，通常のコンピュータと似ており，小型サーバーの多くは，他のコンピュータへのサービス提供に特化したパーソナルコンピュータが実態であることも多い。ただし，通常の個人用端末に比べて，処理能力や安定性，信頼性，セキュリティ，拡張性などに高性能を求められることがある。サーバーコンピュータは，提供するサービスによって，データベースサーバー，ファイルサーバー，ウェブサーバー，FTP（File Transfer Protocol）サーバーなどに分類されている。

(3) スーパーコンピュータ（スパコン）

スーパーコンピュータは計算能力，特に計算速度において最先端の技術，性能を持つコンピュータである。主に天気予報，流体力学，理論天体物理学など，複雑かつ大量の数値計算を必要とする作業に使用されている。サイズも大型となり非常に高価であるため，研究開発のために利用される場合が多くなっている。

(4)　スマートフォン（スマホ）

パーソナルコンピュータなみの機能をもたせた携帯電話などの総称であり，また，モバイル向けオペレーティングシステムを備えた携帯電話の総称である。現在では，連絡やネットワーク接続など生活に必須の個人用端末として，ほとんどの個人が所有している。同様に様々な業界の業務にも利用されているコンピュータである。ただしスマートフォンの定義法はいくつかあるため，注意する必要がある。

コラム

他にも知っておきたい用語として「マイクロコンピュータ」があります。この用語は，シングルチップのマイクロプロセッサを搭載したシステムの登場とともに使われ始めました。しかし，技術の進歩と共に最も広く普及したコンピュータとして，事実上「パーソナルコンピュータ」と呼ばれています。同様に和製英語として「マイコン」という言葉があります。これは，「マイクロコンピュータ」や「マイクロコントローラ」などを略した言葉と言われています。その用途は，家電製品や制御装置の内部に組み込み，センサまたは通信システムの決められた動作によって，タイマー機能やリモコンの赤外線放出を実行するなど，予め決められたプログラムに従った動作を実行することです。

4.3.2　ハードウェア

ハードウェアは，入力装置・記憶装置（主記憶装置，補助記憶装置）・演算装置・制御装置・出力装置の５大装置から構成されている。このうち，演算装置と制御装置を合わせて中央処理装置CPU（Central Processing Unit）と呼ばれており，主記憶装置とともにコンピュータ本体の頭脳としての働きをしている。また，入力装置，出力装置，補助記憶装置は周辺装置という（図4.16）。

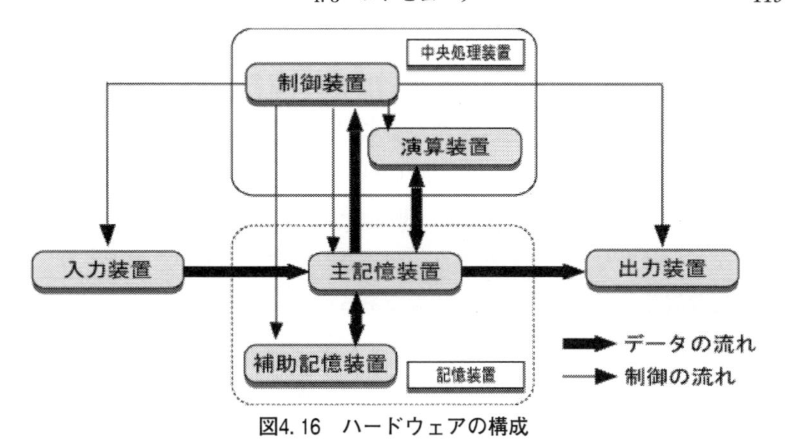

図4.16 ハードウェアの構成

表4.1 入力装置（左）・出力装置（右）

入力装置	
文字数字	キーボード，テンキーボード，OCR
マーク	QRコードリーダ，バーコードリーダ，磁気カードリーダ
位置情報	マウス，トラックボール，ジョイスティックタッチパネル，スタイラスペン，ディジタイザ
音声	マイクロホン
静止画像	デジタルカメラ，スキャナ，フィルムスキャナ
動画像	デジタルビデオカメラ

出力装置	
文字画像	液晶ディスプレイ，プロジェクタ，点字ディスプレイ
図形印刷	X―Yプロッタ
画像印刷	プリンタ
立体印刷	3Dプリンタ
音声	スピーカ ヘッドホン
位置	GPS

(1) 入力装置

コンピュータに解読可能なデータや指示などを与えるための装置。一般的には人間が操作して入力を行う装置のことを指し，キーボードやマウス，タッチパネル，マイクロホンなどが該当する。広義では，人間の動作に限らず外界から情報をコンピュータに伝達する機器全般を指し，スキャナ，ビデオカメラ，X線撮影装置，補助記憶装置なども入力装置として考えることができる。

(2) 出力装置

コンピュータによる処理結果を人間の目的通りに変換して出力する装置であ

る。一般的には，ディスプレイやスピーカなど文字や音声，画像に変換する場合が多いが，制御システムなどへ信号を出力する目的で利用する場合にもこれらのシステムは出力装置として考えることができる。

⑶ 演算装置（Arithmetic and Logic Unit：ALU）

入力装置から主記憶装置に入力されたデータや補助記憶装置に記憶されたデータなどを利用して，プログラムに記述された命令に従い，論理演算・算術演算・比較演算などの計算を行う装置である。

⑷ 制御装置

制御装置は記憶装置に記述されるプログラム命令の解読を行い，入力装置・出力装置・記憶装置・演算装置へと制御信号を出力し，動作をコントロールする装置である。各装置間のデータや命令の読み出しや書き込みの制御，外部の装置との信号の入出力制御などを行う。現在においては，実質的に演算装置と統合されていることも多く，「CPU」「プロセッサコア」などの統合された名称で呼ばれることも多い。

⑸ 記憶装置

記憶装置は処理手順が記述された一連の命令群（プログラム）と入力装置から送られたデータ，処理後のデータ，出力用に変換されたデータなど一連のデータ群を記憶する目的で利用される装置である。主記憶装置は，一時記憶装置とも呼ばれ，各種演算などを円滑に実施させるため，コンピュータの頭脳であるCPUと直接やりとりを行い，高速なデータ読み出しや書き込みができることが重視されている。現在では，高速な処理と，大規模容量を両立することはできておらず，大量のデータを記憶することができない。対して，補助記憶装置（ストレージ，外部記憶装置など）は，低速ではあるが主記憶装置の容量を補うための大規模な記憶装置である。一般的には通電しなくても記憶内容が維持される記憶装置を指し，プログラムやデータなどを長期間保存，他の機器へのデータの運搬などに用いられる。

4.3.3 ソフトウェア

ソフトウェアはコンピュータが理解できる言語で作成されており，基本ソフトウェアと応用ソフトウェアに大別できる。基本ソフトウェアはオペレーティングシステム（OS）ともよばれ，データや命令を管理しハードウェアに処理を実行させるための制御プログラムである。それに対し，応用ソフトウェアはアプリケーションソフトウェアともよばれ，人間またはコンピュータに効率よく問題解決を行わせる目的で作成されたプログラムである。データ・ファイル管理ソフト，通信ソフト，ワープロソフト，表計算ソフト，プログラム開発ソフトなどがある。また，専用のハードウェアを利用する操船シミュレーションや機関シミュレーションなども，一般的な基本ソフトウェア上で動作する応用ソフトウェアとして開発されるケースが増えている。

4.3.4 プログラミング言語

すべてのソフトウェアは，何らかのプログラミング言語によって作成されており，コンピュータの命令を記述するための言語は，プログラミング言語と呼ばれている。

すなわち，多くのプログラミング言語は人間にとって理解，記述しやすい語彙や文法で構成された言語であるため，そのままではコンピュータが解釈，実行することができない。そのため，CPUが実行可能な言語（機械語）にプログラムを変換して実行する必要がある。プログラムの実行開始前にまとめて変換処理を行うことを「コンパイル」(compile)，そのような変換ソフトを「コンパイラ」(compiler）と呼び，実行時に変換と実行を同時並行で行うソフトウェアを「インタプリタ」(interpreter）という。

プログラミング言語は低水準言語（機械語，アセンブリ言語など）と高水準言語に大別できる。

(1) 機械語

電子式コンピュータ内部で取り扱う命令やデータは，全て２進数（０と１の数字の組み合わせ）によって表現されている。このような，データを離散的に区別された0と1の組み合わせに置き換え，これをスイッチのオン・オフなど，明確に区別できる二状態の物理量に対応させて保存・伝送する方式は，「デジタル」とも呼ばれている。機械語とはハードウェアが解釈可能なこの2進数表現された命令であり，命令の種類を示す命令コードとオペランド（演算の対象となる値や変数，定数など）から構成されている。機械語の命令はCPUの種類によって異なり，2進数のみで表現されることから，処理手順を人間が記述することは非常に難しい言語であるといえる。

⑵　アセンブリ言語

2進数で表現された機械語を人間が理解することは難しい。人間が理解しやすいように転送命令，四則演算命令，論理演算命令，分岐命令，入出力命令に命令区分を行い，各々の命令を更に内容別に分けて英数字のニーモニックコードと呼ばれる記号（ロード命令：LOAD，加算命令：ADD，論理積：ANDなど）で記述して機械語と一対一に対応させたものがアセンブリ言語である。アセンブリ言語で記述された言語はコンピュータが解釈できるように機械語へ翻訳しなければならず，この翻訳を行うプログラムをアセンブラという。

⑶　高水準言語

さらに，人間の言葉に近い命令でプログラムを作成できる言語が高水準言語である。高水準言語は，用途別にBASICやC，JAVA，Pythonなど様々な言語が開発された。また，人間が理解しやすいという長所だけでなく，機種やOSなどに固有の要素を極力排し，様々な環境で同様に動作する汎用的なソフトウェアの開発に向いており，現在では高水準言語によるプログラムの開発が一般的である。

コンピュータは機械語しか理解ができないため，高水準言語もアセンブラ言語と同様に一度機械語へ翻訳してコンピュータで実行しなければならない。変換する前のプログラムはソースプログラム（原始プログラム）とよばれ，変換後のプログラムはオブジェクトプログラム（目的プログラム）という。プログラムの変換ソフトウェアは言語プロセッサとよばれる。高水準言語における翻訳プログラムは，ソースプログラム全体からオブジェクトプログラムへ翻訳を行うコンパイラ（図4.17）と，ソースプログラムの命令を1つずつ翻訳するインタプリタに分類される。

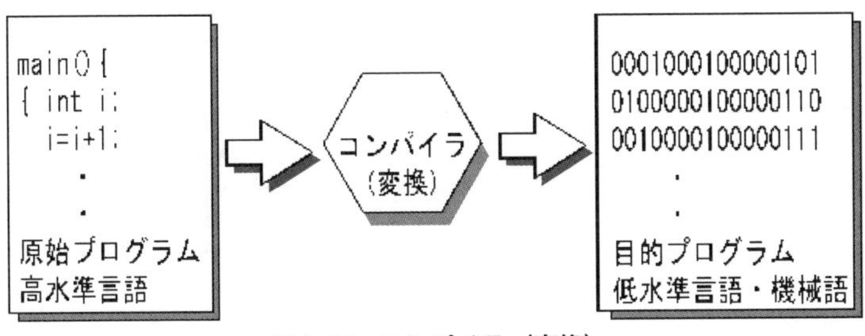

図4.17　コンパイラ（変換）

4.4　ネットワークの基礎

コンピュータネットワークとは通信規約（プロトコル）に基づき複数のコンピュータを通信媒体で接続し，情報の伝達・処理・共有などを行うコンピュータの利用形態である。現代では，世界中の様々な主体が運営するネットワークを，同一の通信規約に基づいて相互接続した「インターネット」（Internet）が普及している。このインターネットは，情報化社会が進んだ現代において多くの産業や生活に応用されており欠かせない技術である。すでに陸上から離れた洋上においても，VSATやStarlinkなどの衛生通信システムによって，世界中と通信することが可能となっており，洋上において，部品などの必要物品発注，出入港手続き，船舶管理会社に対する船内情報のリアルタイム連絡などの業務に利用されている。

4.4.1　LANとWAN

LAN（Local Area Network）は，ビルや学校そして大型船内などの限られた敷地内や建物内でコンピュータを相互接続し通信を可能にしたネットワークである。例えば，パソコンやプリンタなどを接続することで，ユーザは周辺機器やソフトウェアの共有が実現可能となる。また，LANとLANを通信回線や公衆ネットワークによって接続し，広域にわたって資源の共有化も行われた。この広域ネットワークをWAN（Wide Area Network）とよび，たとえば，“企業本社ビルと支社ビル”や“船舶から陸上本社ビル”など遠隔地情報を瞬時に取得可能となるシステムとして利用されている（図4. 18）。

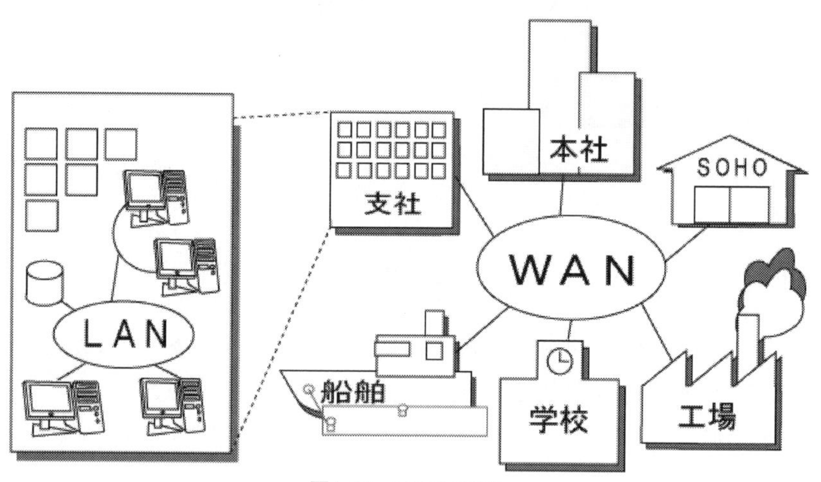

図4. 18　LANとWAN

4. 4. 2　インターネットとサービス

4. 4節で紹介したインターネットとは，米国の国防省によって軍事目的用に実験開発されたAR-PANETがもととなり，異機種間におけるコンピュータの相互接続やデータ通信，信頼性の向上などを目指して大学や企業，そして個人までもが利用し世界的に規模を拡大した通信ネットワークである。インターネットでは通信プロトコルにTCP/IP（Transmission Control Protocol/Internet Protocol）が用いられており，これらを利用して電子メールやWeb（World Wide Web, WWW），FTP（ファイル転送），Telnet（遠隔操作）などのサービスが提供されている。

(1)　電子メール（E-mail）

インターネットを介してコンピュータ間でやりとりされる電子的な手紙を電子メールという。発信側ユーザは表題や本文とともに受信側ユーザのメールアドレスを入力することで，メールサーバにメールを送信する。

(2)　Web（World Wide Web, WWW）

インターネット上に公開されている様々なデータ（ホームページ）に標準的に用いられている公開・閲覧システム。Webブラウザを利用してアクセスすることができる。HTTPという通信規約（プロトコル）が用いられ，情報資源の所在は，URLで示されている。また，HTML（Hypertext Markup Language）などのコンピュータ言語で構造や体裁，見栄えを記述することも多い。

(3)　FTP（File Transfer Protocol）

インターネット上に接続されたコンピュータ間でのファイル転送を行う機能および通信規約の1つ。インターネット上には多くのソフトウェアやデータなどの情報資源がある。これらをFTPによりダウンロードやアップロードの転送を行うために用いられる。

(4)　Telnet

インターネットに接続されている遠隔地のコンピュータに対し，ログインして端末装置として利用するなど，遠隔操作するための通信規約の1つ。現在ではセキュリティ対策が進められたSSHなども多く利用されている。

4.4.3　ネットワークと情報セキュリティ

ネットワークは情報資源の共有など便利な面がある一方，情報が盗まれる，コンピュータウィルス（マルウェア）によりシステムの機能を止められる，必要な情報が書き換えられるなど，不正な行為も行われている。現在では，このような行為から情報やネットワークを守るセキュリティ管理が強く要求されている。船舶においても，舶用機器の電子化が進み，特に2010年代以降はネットワーク通信量も増大したことにより，情報セキュリティが重要視されはじめ，各種基準やガイドラインが発行され始めている。

洋上での情報セキュリティは，世界中と通信ができるようになったため，現在では基本的に陸上と大きく変わらないと言える。例えば，洋上で多用されているサイバー攻撃は，電子メールの添付ファイルによる標的型攻撃やフィッシング詐欺のような陸上と同様な攻撃である。攻撃が成功してしまった事例の結果として，主機関が正常動作しなくなる，GPSによる測定船位が改ざんされる，操船が外部に乗っ取られるなど，船舶の正常な運航に影響のあるサイバー攻撃が報告されている。上記を踏まえて，いくつかの船上で重要な情報セキュリティを具体的に例示する。

・物理的対策：未使用USBポートのブロック，各種配線や配電盤に繋がる扉の施錠など。
・技術的対策：Firewallの設置，業務用回線と個人用回線の分離，監視ツールの運用など。
・運用的対策：サイバーポリシーの決定および遵守，陸上組織との連携など。
・人的対策　：定期的な船員教育，IDやパスワードの管理など

これらの対策は極めて重要ではあるが，こと情報セキュリティにおいて，確実にトラブルが生じない対策は存在していない。そのため，各種機器の冗長性や各種機器利用不可時に正常な運航ができる技術を船員がもつことも重要と言える。

4.5　ITリテラシー

リテラシーの語源は「literacy」と言われており，「読み書きする能力（識字）」を意味している。現在では意味が変化して，ある分野や対象について基本的な知識や技能などを身につけ，その分野の文書を読み書きし，対象を適切に活用できる基礎的能力のことを指すようにもなっている。そのため，各分野の言葉と合わせて「ITリテラシー」「情報リテラシー」「金融リテラシー」などとして使用されている。

4.2から4.4節にかけて，ITを利用するためのコンピュータおよびネット

ワークに関する，基礎的な知識を記述してきた。しかし，実際にITの読み書き（リテラシー）を行うためには，船舶でいえば「右舷＝starboard」のような専門用語を理解しなければ，意思疎通もままならない。そのため，これからITリテラシーを身に着ける一助としての専門用語をピックアップして列挙した。

⑴　IPアドレス

IPアドレスとは，インターネットなどのTCP/IPネットワークに接続されたコンピュータや通信機器の１台ごとに割り当てられた識別番号。

⑵　MACアドレス

MACアドレスとは，コンピュータなどのネットワークインターフェイスが持つ，ネットワーク接続装置・部品固有の識別番号のこと。物理アドレスとも呼ばれる。

⑶　DNS

数字の羅列であるIPアドレスを，分かりやすく扱うため別名としてドメインが運用されている。そのドメインとIPアドレスを対応させるシステムはDNS（Domain Name System：ドメインネームシステム）と呼ばれ，全世界のDNSサーバーが連携して運用されている。

⑷　URL

インターネット上に存在するデータやサービスなどの情報資源位置を記述する標準的な記述法の１つ。現在では，Webページの所在などを書き表す方式として普及している。

⑸　HTTP

Webサーバーと Webクライアント間で送受信を行うため用いられる通信規約。Webページを構成するHTMLファイルや，ページに関連付けられたスタイルシート，スクリプト，動画などのファイルをやり取りすることができる。

⑹　ICT（Information and Communication Technology）

コンピュータなどのデジタル機器やソフトウェア，通信ネットワークおよびこれらを組み合わせた情報システムやインターネット上の情報サービスなどの総称。

⑺　IOT（Internet of Things）

コンピュータなどの情報・通信機器だけでなく，様々な物に通信機能を持たせること。さらに，インターネット接続や相互通信することで自動認識や自動制御，遠隔計測などを行うことを指すこともある。例えばGPS，Webカメラ，船速計，風速計の情報をリアルタイム計測し通信で集約することで自動操縦などが可能になることもその成果といえる。

⑻　AI（artificial intelligence）

人工知能。非常に定義は難しくいろいろな解釈が存在しているが，『人間と同じ知的作業をする機械を工学的に実現する技術』として，主にコンピュータを利用することで自動操船や乗換案内などに応用されている。

⑼　ビッグデータ

従来のデータベース管理システムなどでは記録や保管，解析が難しいような巨大なデータ群。明確な定義があるわけではないが，例えば，スマートフォン利用者の位置情報や購入履歴，気象情報などを指す。これらのデータ群は，管理の難しさなどから見過ごされてきたが，様々な企業によって積極的に解析，利用され始めている。

⑽　暗号化

第三者にデータを盗まれてもデータの内容が分からないようにデータを変換する技術。また，暗号化されたデータを元に戻すことを復号化という。

⑾　認証

なりすましや改ざん防止策として相手を本人と確認する方法認証システム。サイバー攻撃が発達するにつれて様々な方法が生まれている。代表的なものを列挙する。2段階認証，ECDISなどで用いられているデジタル署名，コピー防止の電子透かし，指紋などを用いた生体認証がある。

■演　習　問　題■

4.1　自分が行う動作で制御していると思える動作を挙げ，目的と所要の操作を書け。

解答　例）動作：片足立ち，目的：倒れないように片足で立ち続けること，所要の操作：倒れそうな方向へけんけんで移動すること。

4.2　図4.3の給湯の温度制御において，温度計で検出したお湯の温度が52℃に上がると偏差はいくらになるか。

解答　－2℃

4.3　船の操船で判断や操作は誰の仕事か。

解答　判断：船長　　操作：操舵手

4.4　シャワーの温度制御で，図4.5のような制御の場合は蛇口をひねっても10秒間は冷たい水が出てくるのでしばらく待つ必要があるが，もし，図4.9のような制御の場合だとどのようになると予想されるか。

解答　熱かったり，冷たかったりを繰り返すので15秒待って，やっと使用できる。

4.5　自転車に重い荷物を積んで運ぶときのことを想像しよう。坂道にさしかかったとき，フィードバック制御の考え方だと速度が低下してから足に力を入れることになり，失速して転ぶかもしれない。もし，フィードフォワード制御の考え方を用いるとどうなるか。

解答　坂道にさしかかったときすぐに足に力を入れ速度の低下を少なくし，失速による転倒を防げる。

4.6　シーケンス制御が用いられていると思われる身近な物を挙げよ。

解答　例）自動ドア，CDプレーヤー，自動販売機，エレベーター

4.7　コンピュータでアクセスできるデータベースが，海運に応用されている事例を述べよ。

4.8　情報処理とはどのような流れでデータを取り扱うか5要素を順に書け。

解答　収集，記録，分析，加工，伝達。

4.9　コンピュータの実体部分およびプログラム部分を一般的にどのように呼称するか書け。

解答　実体部分：ハードウェア，プログラム部分：ソフトウェア。

4.10　サーバーコンピュータについて説明せよ。

解答　サーバーとは，ネットワーク環境下で多数のユーザに共有情報や各種サービスを同時に提供するコンピュータ。

4.11　ハードウェアの5大装置を書け。

解答　入力装置，記憶装置，演算装置，制御装置，出力装置。

4.12　主記憶装置とは何か説明せよ。

解答　一時記憶装置とも呼ばれ，各種演算などを円滑に実施させるため，コンピュータの頭脳であるCPUに対して直接データ読み出しや書き込みを行っている装置。

4.13　OS（オペレーティングシステム，基本ソフトウェア）とは何か説明せよ。

解答　データや命令を管理しハードウェアに処理を実行させるための制御プログラム。

4.14　プログラミング言語の中でも高水準言語は，コンピュータによって直接読み取ることが難しい。コンピュータが読み取るためにはどのような工程が必要か書け。

解答　翻訳（コンパイルなど）。

4.15　LANとは何か説明せよ。

解答　大型船内などの限られた敷地内でコンピュータを相互接続し通信を可能にしたネットワーク。

4.16　インターネットで利用できるサービスの概要を4つ答えよ。

解答　電子メール，Web閲覧，ファイル転送，遠隔操作。

4.17　船舶運航において行うべき情報セキュリティを，物理的，技術的側面からそれぞれ2つ答えよ。

解答
- ・物理的対策：未使用USBポートのブロック，各種配線や配電盤に繋がる扉の施錠。
- ・技術的対策：Firewallの設置，業務用回線と個人用回線の分離。

4.18　リテラシーとはどのような意味か答えよ。

解答　読み書きする能力（対象を適切に活用できる基礎的能力）

第5章　内燃機関

5.1　熱機関の概要

熱機関とは，熱エネルギを連続して機械的エネルギに変換する機関のことである。燃焼や原子力，地熱などの熱エネルギは，直接的な利用が難しく，機械的なエネルギに変換することで，より幅広い応用や効率的なエネルギ活用が可能となる。この変換を行うためには，エネルギの中継役となる作動流体が必要である。高温高圧となった作動流体を膨張させて連続して機械的な仕事をさせる。その際，作動流体の種類や性質，さらにはその流れや循環の方式が大きく影響する。そのため，作動流体の扱い方で熱機関は分類される。

5.1.1　熱機関の分類

熱機関を分類する方法として，「その作動流体が燃焼するのか」，「容積変化と速度変化のどちらに焦点を当てるのか」で分類する。作動流体の燃焼の可否では，図5.1の例に表すように，コンロでやかんを加熱し，水を沸かしその蒸気で風車を回す。この場合，風車を回す作動流体は蒸気となり，燃焼ガスは作動流体ではないため，作動流体の外部で燃焼している。そのため，外燃機関と呼ばれる。一方，右側の図に示すように，やかんを返さず，直接燃焼ガスを風車に当てて回す場合，燃焼ガスが作動流体となり，作動流体の内部（自体）で燃焼しているため，内燃機関に分類する。外燃機関と内燃機械の違いは，作動流体としての燃焼ガスの利用方法に大きく依存している。

内燃機関と外燃機関は，図5.2に示すようにそれぞれ，速度型と容積型に分類することができる。速度型とは，作動流体の速度の変化に主に依存してエネルギ変換を行う機関のことを指す。例としては，先ほどの図に示した風車などが該当する。速度型の機関の特徴は，作動流体から連続してエネルギを取り出

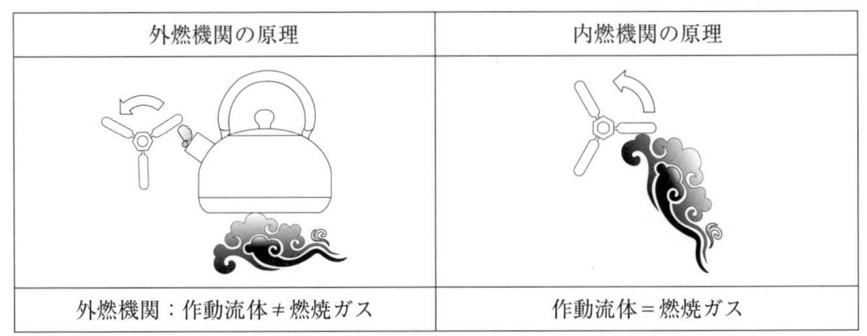

図5.1　作動流体の分類

し機械的エネルギに変換することができる点である。

対称的に容積型熱機関は，シリンダやピストンといった閉じられた空間の中で作動流体の圧力変化に依存してエネルギ変換を行う。この方式では，作動流体が圧力でピストンを押し出すことで仕事を生み出す。しかしながら，一度エネルギを取り出した後，使われた作動流体は外部に排出する必要があり，このプロセスにより機関の動作は間欠的になる特徴がある。

どちらの方式の熱機関であっても，作動流体は高温の熱源，例えば燃焼ガスから熱エネルギを受け取り膨張する。この膨張する過程で熱エネルギの一部が機械的仕事として取り出されると同時に，残りのエネルギは低温の熱源，例えば大気や水へと放出される。そして，作動流体はサイクルを再び行うため，初期状態に戻される（詳細は第6章を参照）。

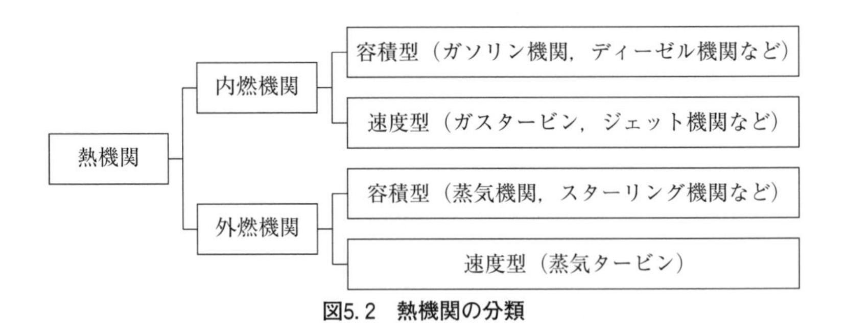

図5.2　熱機関の分類

5.2　容積型内燃機関の熱サイクル

ガソリンスタンドで，レギュラーやハイオクであるガソリンと軽油が売られていることに疑問を抱いたことはないだろうか。ヒューマンエラーを防止する上で，同じ燃料を使用できる内燃機関があれば商品が一つであれば，ガソリン自動車に軽油を誤給油する等のトラブルは防止できる。しかしながら，現状の技術では，ガソリンと軽油を分ける必要がある。この節では，ガソリンを使用する火花点火機関と軽油を使用する圧縮着火機関について説明する。

5.2.1　点火・着火方式

ガソリンは常温で容易に気体に変わる液体燃料で，その揮発性から揮発油とも呼ばれる。この高い揮発性により，常温でも気化したガソリンは大気中の酸素と混合しやすく，火を近づけるとすぐに引火する。対照的に，軽油は揮発性が低いため，部品の洗浄剤としても使用されることがある。このことからもガソリンと比べると，軽油は引火しにくい性質を持っていることがわかる。しかし，気化した軽油が酸素と混ざり合い，加熱されると自ら発火しやすい特性がある。この引火性と発火性の違いを活かし，火花点火機関と圧縮着火機関が開発された。

火花点火機関，一般的にガソリン機関として知られるものは，乗用車やバイクなどの小型車両の動力源として広く利用されている。この機関は，ガソリンの高い揮発性を利用して燃料と空気を適切な割合で混合し，予混合気を形成する。この予混合気を圧縮することで，図5.3に示すようにシリンダ内部の状態を高温・高圧にし，スパークプラグに高電圧を流すことで火花を発生させる。この火花が予混合気に触れることで引火（点火）し，燃料が燃焼する。この燃焼過程で生じた高温のガスが膨張し，その膨張エネルギをピストンに伝え，機械的エネルギとして変換する仕組みとなっている。

圧縮着火機関では，燃料の揮発性が低いため，常温では空気との混合が難しい。この特性を解決するため，図5.4に示すようにまず空気だけをシリンダ内

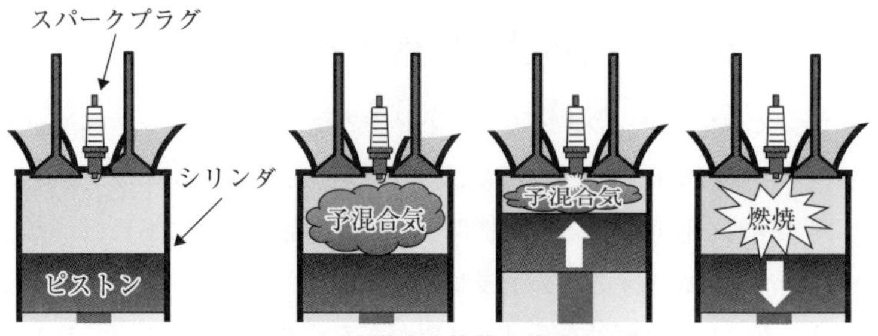

図5.3 火花点火機関の仕組み

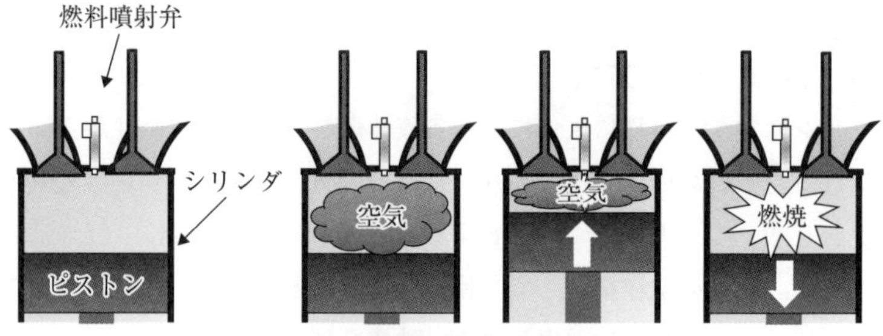

図5.4 圧縮着火機関の仕組み

で圧縮して高温・高圧にする。その後，この高温高圧の状態の中に燃料を直接噴射し，混合気を形成する方法を採用している。軽油などの発火性が高い燃料をこのような状況下で噴射すると，燃料は噴射とほぼ同時に蒸発し，そして多発的に燃焼が開始する。その結果，燃焼によって生じる高温・高圧の燃焼ガスがピストンを押し下げ，機械的エネルギを得ることができる。この方式では，火花点火機関のような外部点火源が不要となり，燃料の発火性を利用してエネルギ変換を実現している。

5.2.2 基本熱サイクル

P–V線図の概要

P–V線図とは，熱力学や流体力学の分野で頻繁に利用されるグラフで，ガスや流体の状態や動作を視覚的に判断ができる。この線図は，縦軸に圧力（P）

を，横軸には体積（V）を表している。例えば，図5.5の下側に表しているように，ピストンが左側に動き圧縮する場合，体積が減少し圧力が上昇するため，P–V線図では，①から②に変化する。燃焼が瞬時に起きれば，容積が変化する時間より，燃焼によって圧力が上昇する速度が早いため，圧力が急激に上昇することで②から③の変化が起きることがわかる。また，筒内が高圧になるため，ピストンが押し下げられ，容積が増加しながら圧力が低下することで③から④に変化する。このように，ピストンがどのように動いているのか，どのように燃焼しているのかなどの判断に使用することができるため，容積型の内燃機関では頻繁に使用される。

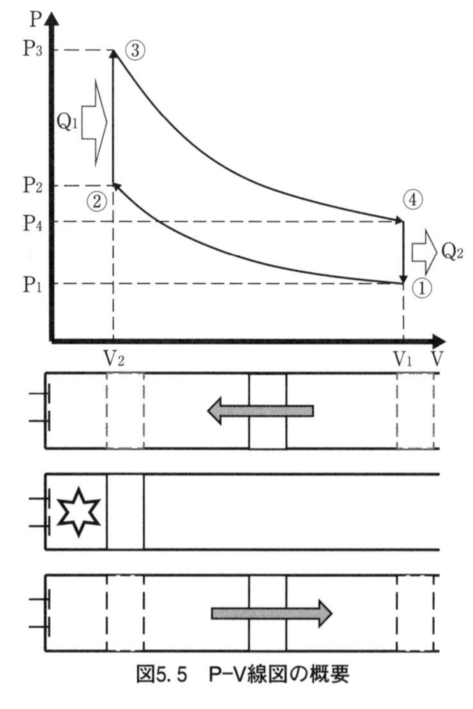

図5.5　P–V線図の概要

V_1で表している状態①と④の筒内容積が一番大きい位置は下死点（BDC：Bottom Dead Center）と呼ばれる。また，V_2で表している状態②と③の筒内容積が一番小さい位置は上死点（TDC：Top Dead Center）と呼ばれる。これらは，ピストン位置の判断を機関外部から容易にできることや，TDCとBDCの関係が機関性能の判断材料となるため，よく使用されている。

図5.6(a)のオットーサイクルとは，火花点火機関で使用されているP–V線図である。5.2.1で説明したように，火花点火機関では，燃料と空気をあらかじめ混合した，予混合気に点火することで燃焼する。そのため，1サイクルに必要な燃料をすべて一度に燃焼するため，瞬時な圧力上昇が発生する。そのた

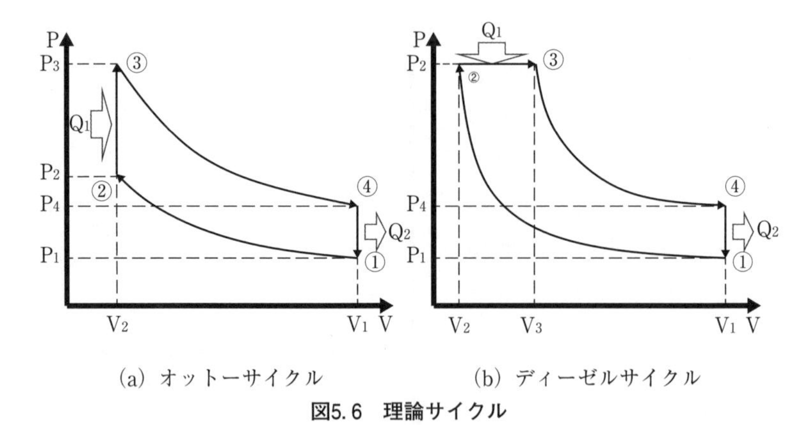

(a) オットーサイクル (b) ディーゼルサイクル

図5.6 理論サイクル

め，火花点火機関を考える際に，オットーサイクルを使用して熱サイクルを考える。供給した燃料のエネルギは，状態②から状態③の圧力上昇に使用されているため，Q_1で供給熱量として表している。

図5.6(b)のディーゼルサイクルとは，圧縮着火機関で使用されているP–V線図である。圧縮着火機関では，5.2.1で説明したように，空気のみ圧縮し高温・高圧になった雰囲気場に燃料を噴射する。噴射後すぐに燃料が蒸発し，燃料が発火する。しかしながら，すべての燃料を噴射していないため，燃料を噴射しながら燃焼を行う。そのため，燃料の噴射期間が長くピストンを押し下げながら燃焼を行うことで，状態②から状態③の変化が等圧状態となる。オットーサイクルと同様に，供給した燃料のエネルギは，状態②から状態③の圧力上昇に使用されているため，Q_1で供給熱量として表している。

状態④から状態①では，5.3で述べるが，一部のエネルギを大気に開放するため，筒内の圧力を減少させる。この捨てる熱量をQ_2とする。ピストンを押し下げる仕事量はQ_1-Q_2で表すことができるため，供給した熱量がどのくらい仕事に変換できたのかを表すと，次式となる。この仕事に変換できる割合を熱効率η_{th}と呼ぶ。

$$\eta_{th}=\frac{仕事量}{供給熱量}=\frac{Q_1-Q_2}{Q_1}=1-\frac{Q_2}{Q_1}$$

5.3　容積型内燃機関の作動

容積型内燃機関は，作動流体が燃焼するため，一度燃焼した気体の酸素濃度が低下し連続的に運転することが難しい。そのため，連続的に燃焼を行うためには，燃焼し仕事をした後の空気を排気し，酸素濃度が高い新しい空気を機関の内部に供給する必要がある。簡単に説明するために，図5.7に発火器を示す。シリンダにベースを取り付けることでピストンを下に押し付けることで，筒内の空気を圧縮できる。このシリンダ内の空気の入れ替えを行う場合，(a)に示すように，ピストンとベースを取り外し一方から空気（新気）を供給することでもう一方から筒内の空気が押し出され，空気の入れ替えを行うことができる。その他の方法として，(b)に示すようにベースを取り外し，ピストンを押し込むことで筒内の空気を押し出した後に，ピストンを引き出して空気（新気）を筒内に吸い込むことで空気の入れ替えを行うことができる。

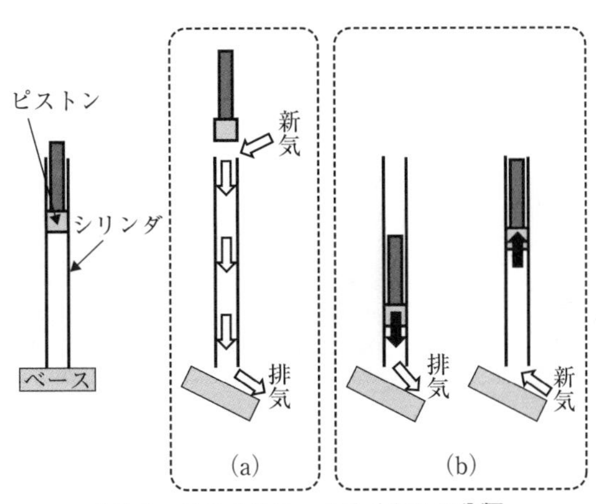

図5.7　２サイクル・４サイクルの分類

これらの方法を機械的に行うことで，容積型の内燃機関は連続的な運転を可能としている。(a)で示した方法を２サイクル機関，(b)で示した方法を４サイクル機関と呼ぶ。この節では，これらを機械的に行う方法を説明する。

5.3.1 ２サイクル機関の作動

図5.8に２サイクル機関の掃気行程中の空気の流れを示している。図5.8(a)では，発火器を上下逆に表しており，先ほど述べた一方から空気（新気）を供給することでもう一方から筒内の空気が押しだす動作を機械的に行うためには，(b)に示すように筒内にある空気を吐き出すための開口部（排気孔）と，新たな空気を供給するための開口部(掃気孔)を設置する必要がある。しかしながら，筒内の空気を圧縮することができないため，吹き出す開口部に弁（排気弁）を設けることや，ピストン上昇により新気を止めることができるような構造にすることで，空気を圧縮することが可能となっている。燃焼に使用した燃焼ガスを新気により，排気弁方向に押し出しシリンダ内を掃除することから掃気と呼ばれる。

容積型内燃機関では,時間の仕事を行う目的で名前が付けられており，２サイ

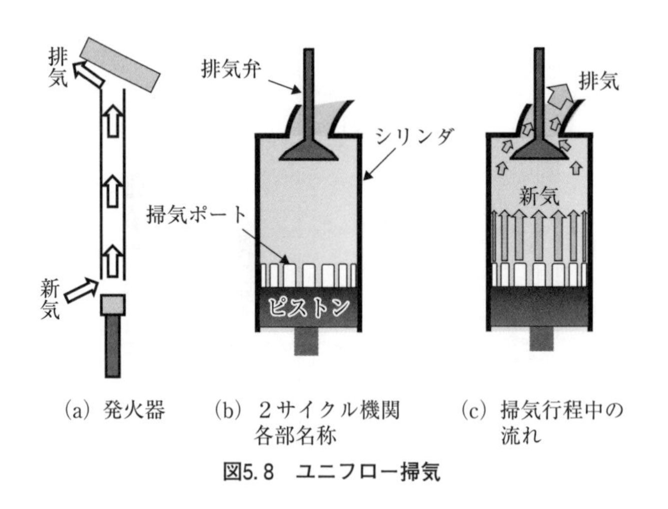

(a) 発火器　(b) ２サイクル機関各部名称　(c) 掃気行程中の流れ

図5.8 ユニフロー掃気

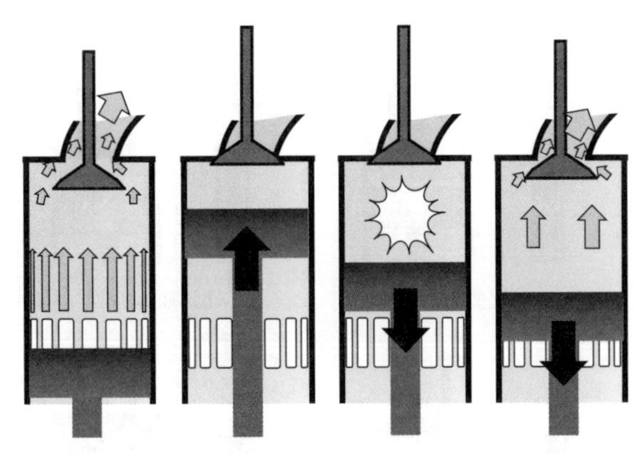

(a) 掃気行程　(b) 圧縮行程　(c) 膨張行程　(d) 排気行程

図5.9　2サイクル機関の行程

クル機関では，それぞれ掃気行程・圧縮行程・膨張行程・排気行程と呼ばれる。

図5.9の(a)掃気行程では，先ほど述べたように掃気ポートからの新気で排気弁方向に燃焼ガスを追い出すことで空気を入れ替える行程である。(b)の圧縮行程では，排気弁を閉弁し，ピストン位置が掃気ポートより上となり，閉じた空間となるため，筒内の空気を圧縮する行程である。(c)の膨張行程では，燃料が燃焼し筒内の圧力が高くなることで，ピストンを押し下げ仕事を行う。しかしながら，膨張行程中に圧力のすべてを仕事にすることができず，膨張行程の終盤でも圧力は掃気ポートと比較して高くなる。そのため，掃気ポートが開く前に，排気弁を開弁する。この工程を(d)の排気行程と呼び，P-V線図のQ_2の圧力低下が発生する。

5.3.2　4サイクル機関の作動

図5.10に4サイクル機関の排気・吸気行程中の空気の流れを示している。先ほどの図5.10(b)で述べたように，発火器のベースを取り外す動作を再現するためには，吸排気するための開口部が必要不可欠である。しかしながら，同じ開口部で吸気した場合，排気ガスが再び筒内に流入することが考えられる。その

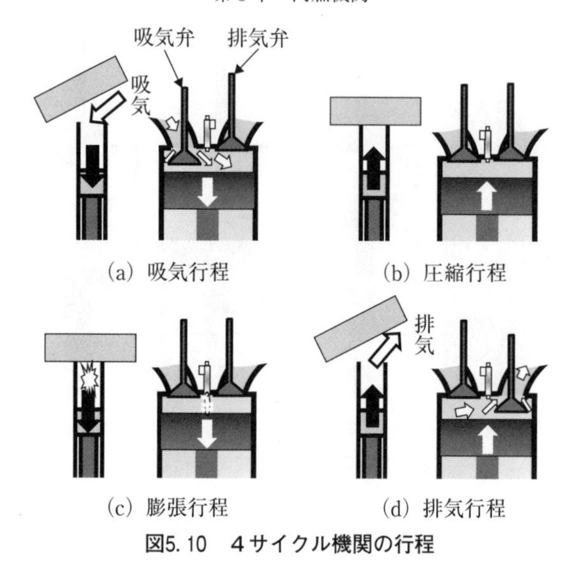

(a) 吸気行程　(b) 圧縮行程
(c) 膨張行程　(d) 排気行程

図5. 10　４サイクル機関の行程

ため，吸気用の開口部と排気用の開口部が分けられている。

まず，図5. 10(a)吸気行程では，ピストンの下降に伴い筒内圧力が低くなることで，燃焼に必要な酸素濃度が高い新気を吸気する。次に，(b)圧縮行程で吸気弁を閉弁しピストンを上昇させることで筒内を高温・高圧にする。次に(c)膨張行程で燃料が燃焼し筒内の圧力が高くなることで，ピストンを押し下げ仕事を行う。(d)排気行程では，燃焼による圧力とピストンの上昇によって，筒内の酸素濃度の低くなった燃焼ガスを排気する。４サイクル機関では，ピストン動作で吸気と排気を行うため，１サイクルで２回同じ位置にピストンが来る。

5. 3. 3　全体の構造

図5. 11に圧縮着火機関の全体の構造図を表している。燃料が燃料噴射弁から噴射され，シリンダの内部の筒内で燃焼し圧力が大きくなる。その圧力上昇でピストンが押し下げられた運動が連接棒（コンロッド）を返しクランク軸で回転運動に変えられる。クランク軸は，右図に示すような構造となっており，ク

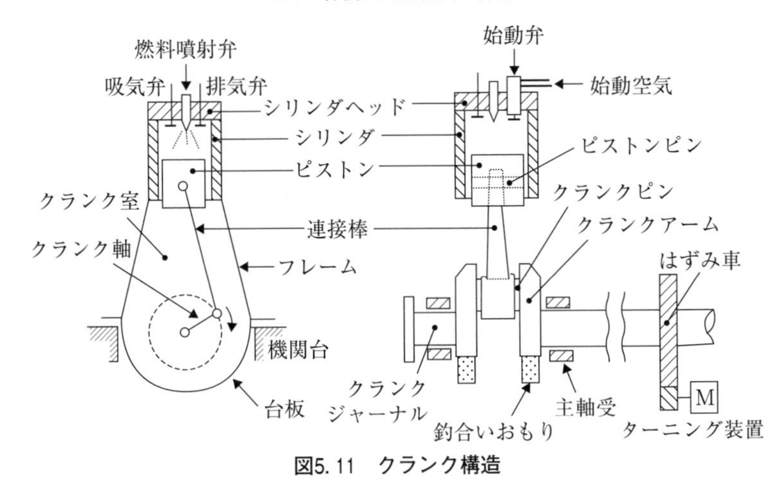

図5.11　クランク構造

ランクピンの軸心とクランクジャーナルの軸心をずらしている。そのため，ピストンの直線運動を回転運動に変換することができる。

容積型の内燃機関は，間欠的な運転であるため，エンジンの出力が変動する。この変動を吸収し，エンジンの出力を平滑にするため，はずみ車（フライホイール）で生じる慣性力を利用することで出力や回転数を均一にする。

先ほど，説明したクランク構造の他に，大型船舶では，図5.12のクロスヘッド型機関に示すような構造になっている。一般的に膨張する時間を長くすると，燃焼で得たエネルギを多く回転運動に変換することができるため，効率がいいとされている。そのため，ピストンが上端にきたときの上死点（TDC）からピストンが下端にきたときの下死点（BDC）までの移動距離であるストロークを確保すると，クランクアームが大きくなり，コンロッドを長くする必要がある。そのため，ピストンの側面にかかる横方向の力が増加し，ピストンとシリンダの摩耗が増える。そのため，クロスヘッドを設けピストンの動きを上下方法のみに制限することで，シリンダとピストンの摩耗を大幅に減少することができる。

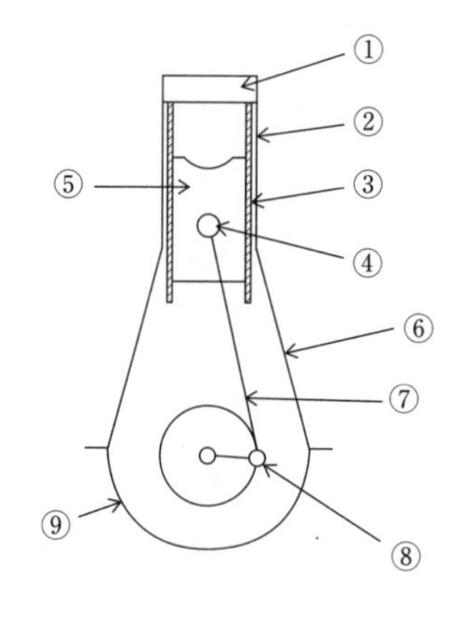

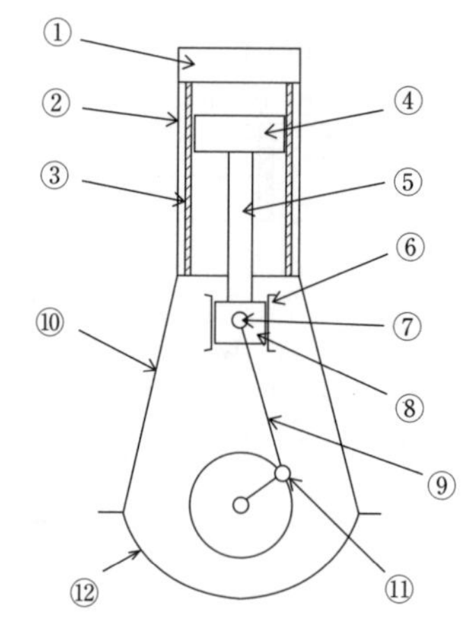

①　シリンダカバ	⑦　クロスヘッドガイドピン
②　シリンダブロック	⑧　クロスヘッド
③　シリンダライナ	⑨　連接棒（コンロッド）
④　ピストン	⑩　コラム又はフレーム
⑤　ピストンロッド	⑪　クランクピン
⑥　クロスヘッドガイド	⑫　台板

図5.12　トランクピストン型（右）およびクロスヘッド型（左）の構造

容積型内燃機関の構造による分類

(1)　シリンダの配置による分類

①　立形：垂直に設置されたシリンダの中をピストンが上下に動く。
　横形：水平に設置されたシリンダの中をピストンが左右に動く。

②　V形：シリンダがアルファベットのV形になっている。機関の高さを極力低く押さえることができる。

③　星形：シリンダを星形にしたもので，V形よりさらに機関がコンパクトにできるが，V型と比較し重心が高くなる。

(2)　作動方式による分類

①　単動：ピストンの片側（上側）だけで燃料が燃焼する。

②　複動：ピストンの両側（上側と下側）で燃料が燃焼する。

⑶　ピストンの連結法による分類

①　トランクピストン型機関：ピストンとクランク軸を直接連接棒で連結したもので，中小形機関に用いる。

②　クロスヘッド型機関：ピストンにピストン棒を固定し，その根元のクロスヘッドを介して連接棒に連結する。大形機関で用いられる。

⑷　速度による分類（この定義はメーカーなどによって若干異なり，厳密な定義ではない）

①　高速機関：900rpm以上，または平均ピストン速度７m/s以上。

②　中速機関：300～900rpm，または平均ピストン速度５～７m/s

③　低速機関：300rpm以下，または平均ピストン速度５m/s以下

⑸　出力による分類（厳密な定義ではない）

①　大形機関：1,000PS（＝735.5kW）以上，またはシリンダ径450mm以上

②　中形機関：100～1,000PS（74～735.5kW），またはシリンダ径200mm～450mm

③　小形機関：100PS（＝74kW）以下，またはシリンダ径200mm以下

⑹　シリンダ数による分類

①　単気筒機関：シリンダ（気筒）数が１つのみ

②　多気筒機関：シリンダ数が２つ以上

⑺　過給機関と無過給機関

①　過給機関：機関の出力を増大するには多くの燃料を燃やせばよい。そのためには多量の空気を燃焼室に送りこむ必要がある。本来大気中に放出していた排気ガスのエネルギを使って，ガスタービンを回し，その動力で送風機（ブロワ）を回せば資源の有効利用にもなる。これが一般に称されるターボ，正式には排気タービン過給機で，これを有する機関が過給機関である。

②　無過給機関：過給機を保有しない機関

■演　習　問　題■

5.1　ガスタービンおよび蒸気タービンの作動流体はなにか。

解答　ガスタービンは燃焼ガス，蒸気タービンは水蒸気。

5.2　熱機関とはなにか。

5.3　使用する燃料が軽油の場合，火花点火機関か圧縮着火機関のどちらを使用するか

5.4　シリンダは高温のガスにさらされるが，過熱の対策としてどのような方法があるか。

解答　シリンダに冷却水の通路を設けて水で冷却する方法（水冷機関）と，シリンダの外側に冷却フィンを設けて大気中に熱を逃がす方法（空冷機関）がある。

5.5　内燃機関の分類では火花点火機関と圧縮点火機関いう分類方法がある。それぞれどういうものか。

5.6　排気ガスを利用する過給機関にはどのような利点があるか。

第6章　ボイラとタービン

水蒸気のもつ熱エネルギを運動エネルギに転換する蒸気機関は18世紀初頭にニューコメンにより発明され，1760年代にワットの改良により普及した。蒸気機関の出現によって産業革命をもたらし，船舶においても，これまでの人力や風力に替わる動力として普及した。蒸気機関は蒸気往復動機関から，大出力，高回転数，静寂，信頼性の高い蒸気タービンに進化した。しかし，20世紀に入ると小型・軽量であるモータや内燃機関に置き換わり動力としての利用は限定されるようになった。

蒸気は次のような特長から利用価値の高いエネルギの一つである。

① 身近な水が原料である

② 圧縮して送ることができる

③ お湯に比べて約6倍の熱エネルギが蓄えられる

④ 水が原料なので毒性も燃焼性もなく，安全で衛生的

⑤ 水に戻っても再利用できる

また，蒸気加熱のメリットとして

① 圧力を変えることで温度を容易に変えられる

② 温水などの流体に比べて高い温度と大きな熱量をもっている

③ 電気やガスなどに比べて加熱面全体を均一に加熱できる

以上のような特徴から，蒸気は船舶においても熱エネルギ源として使用されている。

本章では蒸気を発生させるためのボイラ，蒸気を動力に変換する蒸気タービンについて説明する。また，ガスタービンは内燃機関であるものの，タービン部の構造や作動原理が蒸気タービンとよく似ていることから本章で説明をする。

6.1　蒸気ボイラ

6.1.1　蒸気ボイラの概要

蒸気ボイラは密閉した容器内に水を入れ，これを燃焼ガスによって加熱し，蒸気や温水を発生する装置である。燃料には油，ガス，石炭などが用いられる。ボイラは大別して，ボイラ本体，炉，付属装置および付属品で構成される。ボイラの構成について図6.1に示す。

ボイラ本体はバーナーで燃焼したガスの熱を受け，水を加熱，蒸発させ，圧力をもった蒸気を生む部分である。熱を水に伝える部分は伝熱面といい，これには火炎の放射熱を受ける放射伝熱面と高温ガスとの接触により熱を受ける接触（対流）伝熱面とがある。火炉は燃焼室と燃焼装置とから成り，燃料の燃焼によって熱を発生する部分を炉壁で囲み，燃焼装置のバーナーを設置する。な

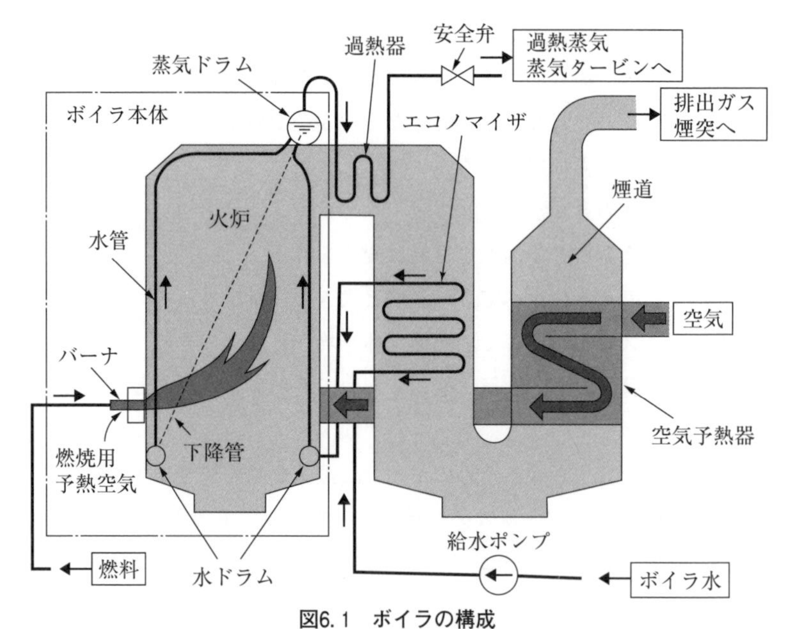

図6.1　ボイラの構成

出典：「原動機」，勝田正文他，実教出版（高等学校教科書）

お，バーナーの設置方式には前だき方式と天井だき方式とがある。ボイラの付属装置はボイラの運転管理に必要不可欠の装置として，給水装置，水処理装置，通風装置および自動制御装置などが設置される。大容量のボイラには過熱器，節炭器，空気予熱器などが設置される。ボイラの付属品は計器類(圧力計，水面計，温度計，流量計など)，安全弁，コック，吹出し装置などがある。

6.1.2　蒸気の発生

常温の水を加熱すると，温度は上昇し，体積も少しずつ増加する。標準大気圧においては100℃が水の温度上昇の限界である。この温度は標準大気圧における飽和温度といい，飽和温度に達した水を飽和水という。飽和温度になるまで加えられた熱は水の温度上昇に使われる。このような熱を顕熱という。飽和温度に達した水をさらに加熱すると，水の温度は変化しないが，その一部が蒸気になる。この蒸気を飽和蒸気といい，このとき使われた熱を潜熱という。蒸発し始めた水が全部蒸気に変わるまでは水と蒸気の混合体であって，これを湿り飽和蒸気という。また，水が蒸発しつくして全部蒸気になった時，これを乾き飽和蒸気という。さらに，圧力が一定のまま，加熱を続けると温度が上昇し，飽和温度より高い温度の過熱蒸気になる。この過熱蒸気の温度と，その圧

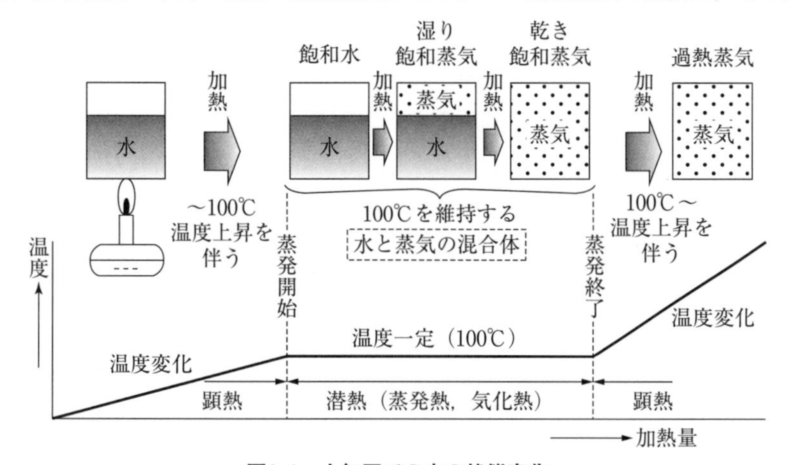

図6.2　大気圧での水の状態変化

力に対する飽和温度との差を過熱度といい，過熱度が高いほど理想気体に近づく。大気圧での水の状態変化について図6.2に示す。LNG運搬船の蒸気タービン推進プラント用の主ボイラでは圧力6［MPa］，温度525［℃］の過熱蒸気が用いられている。また，VLCC用の補助ボイラでは圧力2［MPa］，温度212［℃］の飽和蒸気が用いられている。一般商船用の補助ボイラでは圧力0.9［MPa］，温度175［℃］の飽和蒸気が用いられている。

6.1.3 ボイラの分類

蒸気ボイラを大別すると，水管ボイラと丸ボイラ，それ以外の特殊ボイラに分類される。船舶では推進用蒸気タービンに蒸気を供給するものを主ボイラといい，補助蒸気用のものを補助ボイラという。補助蒸気は加熱用のほか，蒸気タービン発電機やタンカーの荷役ポンプの駆動用に用いる。大容量ボイラ＝主ボイラと考えがちであるが，ディーゼル船のボイラはいくら大容量であっても，それは補助ボイラという。

(1) 水管ボイラ

水管ボイラは小径のドラム（円筒胴）と水管群で構成され，水管内で蒸発を行わせている。水の循環方式で水管ボイラを分類すると，自然循環式と強制循環式に大別される。前者は蒸気を含んだ高温の水と低温の水との密度差によって水が自然に循環する形式である。この形式だと，高圧になるにつれ水の自然循環が不良となる。このため高圧のボイラではポンプで強制的に水を循環させる必要が生じる。ドラムは気水ドラムと水ドラムの2個で，これらは多数の水管で連結される。水管はこれ以外に燃焼室の内側を覆うように配置されている部分と過熱器部分に存在する。過熱器は気水ドラムで発生した飽和蒸気を過熱蒸気にする役目がある。また，水管群と過熱器を通過した後のガスはまだ熱量を保有しているので，煙道中に，給水を予熱する節炭器（エコノマイザ）と空気を予熱する空気予熱器が設置される。すす吹き器はボイラ伝熱面に付着したすすおよび灰分を除去するために用いる。すす吹き器には回転式と抜差式とがあるが，後者のタイプは高温ガスが通過する箇所に用いられ，通常はボイラ外に抜出している。使用時，モータにより回転しながらボイラ内に進入する。すす吹き器先端には複数のノズルが設けてあり，そこから空気または蒸気を流出する。気水ドラムの詳細を図6.3に示す。気水ドラムの上部には蒸気が，下部に水が保有されている。ドラムの下半部には多数の蒸発管が取り付けられるため，多数の孔があけられる。この孔によって強度が減少しないように肉厚を増す必要がある。このため気水ドラムの上半部より下半部の方が肉厚が大きい。蒸発管から気水混合物が気水ドラムへ流入する。水管ボイラは次のような特徴を持っている。

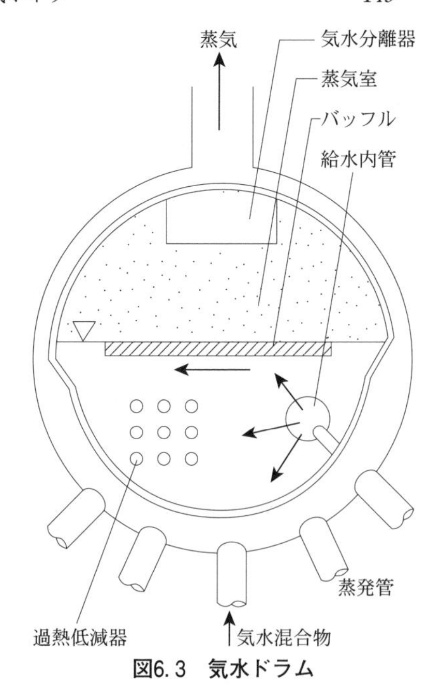

図6.3　気水ドラム

(イ)　長所

A）高圧高温の蒸気を発生させることができる。

B）伝熱面積を大きくすれば大容量のボイラを製作することができる。

C）ボイラの保有水量が少ないため短時間で蒸気を発生させることができる。

D）効率が高い。

(ロ)　短所

A）保有水量の割に蒸発量が大きいため，ボイラ内での濃縮が激しく，ボイラ水および給水の管理に手間が掛かる。

B）負荷変動による蒸気圧力や水位の変化が大きい。

C）構造が複雑であるため保守管理に高度な技術を必要とする。

舶用２胴Ｄ型水管ボイラは，蒸気タービン船の主ボイラとして搭載されるほか，ディーゼル主機関の船の補助ボイラとしてVLCCに，原油の揚げ荷役用の

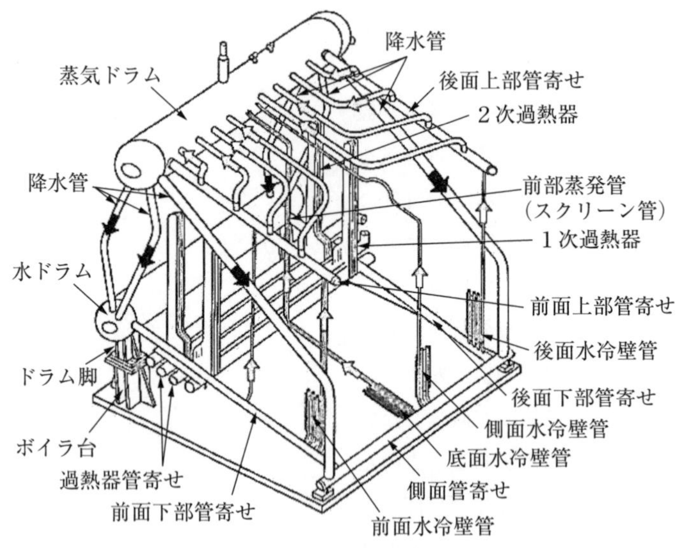

図6.4 ２胴Ｄ型水管ボイラ

カーゴオイルポンプの駆動用蒸気タービン原動機に蒸気を供給する目的として搭載されている。船用２胴Ｄ型水管ボイラの概略図を図6.4に示す。

⑵ 丸ボイラ

丸ボイラは円筒形のボイラ胴内で蒸気を発生する形式のボイラである。胴内の水部に燃焼室を設けたものを内だき式，胴内に煙管を設け，燃焼室を胴外部に設けたものを外だき式という。丸ボイラの代表的なボイラである炉筒煙管ボイラを図6.5に示す。丸ボイラには次のような特徴があり，ディーゼル機関を主機関とする船舶に補助ボイラとして搭載

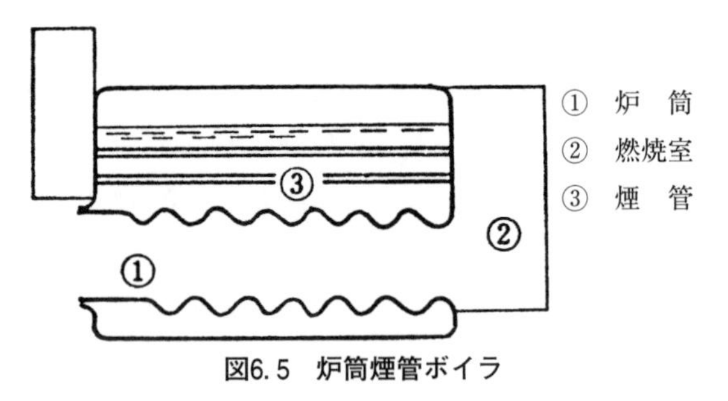

図6.5 炉筒煙管ボイラ

されることが多い。

(イ)　丸ボイラの長所

A）ボイラ内の保有水量が多いため，蒸気使用量が変動しても，蒸気圧力および水位の変化が小さい。

B）ボイラ水および給水管理が水管ボイラに比べて簡単である。これは，ボイラ水保有量が多く，蒸発量も少ないためボイラ水の凝縮が緩やかなことが理由である。

(ロ)　丸ボイラの短所

A）ボイラ胴体の大きさで伝熱面積が制限されるため，大容量ボイラには適さない。

B）内部の保有水量が多いため，起動に時間がかかる。

(3)　特殊ボイラ

①　排ガスエコノマイザ

排ガスエコノマイザはディーゼルエンジンを主機関とする船舶においてディーゼルエンジンの排気ガスを熱源として蒸気を発生させるボイラである。ディーゼル主機関の船であっても，排ガスエコノマイザを利用して蒸気タービン発電機によって発電する船舶も存在する。排ガスエコノマイザの利用について図6.6に示す。

②　コンポジットボイラ

排ガスエコノマイザは，ディーゼル機関の排気ガスだけを利用して蒸気を発生させる熱回収装置であるのに対して，コンポジットボイラは，油だきボイラにディーゼル機関の排ガスを通して蒸気を発生させるボイラで，排ガスボイラと油だき補助ボイラとの役目を一つのボイラで行わせるものである。排ガスエコノマイザと補助ボイラを別々に設ける場合に比べて安価である。

③　熱媒油ボイラ

熱媒油ボイラは，蒸気の代わりに沸点の高い油を伝熱媒体に使用することで，常圧でも高温熱が得られる。熱媒油は水と比べて沸点がはるかに高いため，常圧で300℃の高温の熱供給が可能である。水処理装置や復水装置の必

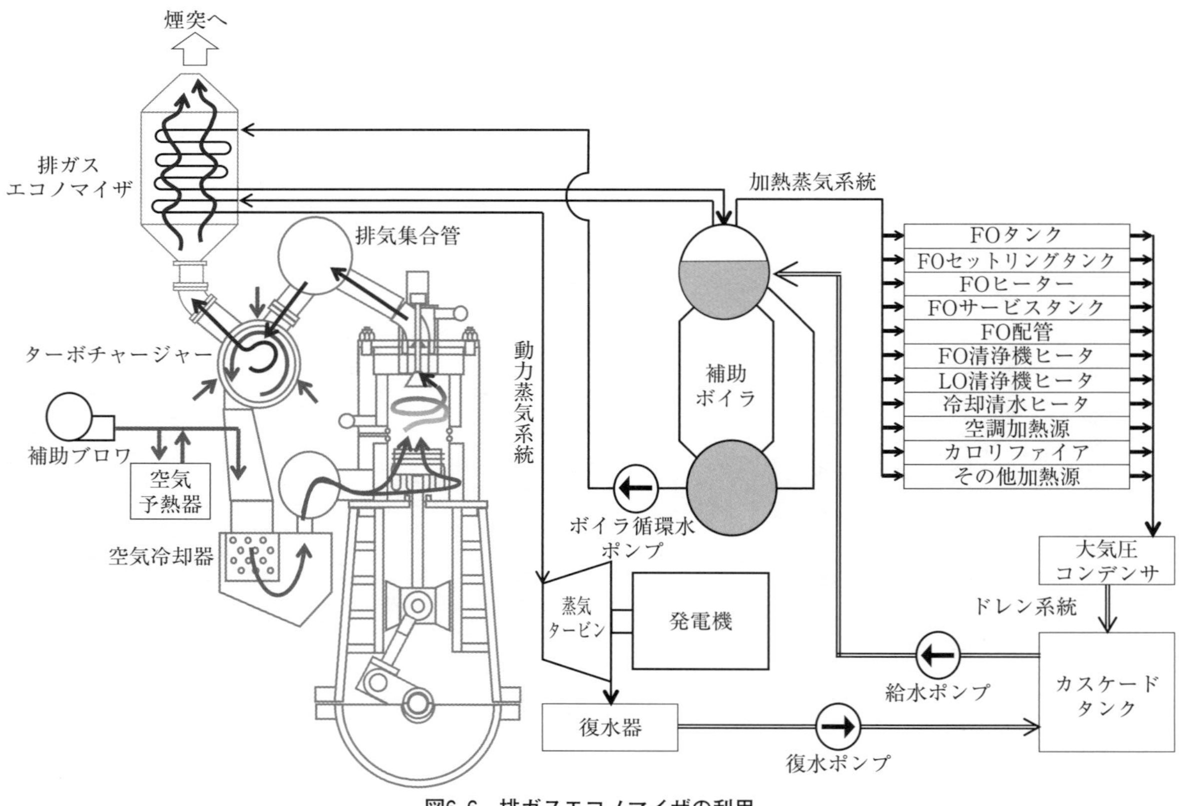

図6.6 排ガスエコノマイザの利用

要がなく，熱ロスも極めて少なく抑えることができるため，ランニングコストの低減が可能である。主に重質油を使用する内航大型船で使用される。

6.1.4　ボイラ水処理

ボイラ内部の腐食，不純物の付着や沈殿を防止し，ボイラを良好な状態に保持するためにはボイラ水処理が必要となる。ボイラ水処理とはボイラ水の定期的な分析を行い，その分析結果に基づいてボイラ水の一部を排出して不純物の濃度を下げ，排出したボイラ水の量に応じたボイラ清浄剤（清缶剤）をボイラ内に投入する一連の作業をいう。ボイラ水処理を行う場合の管理項目および制限値はボイラの種類，圧力で異なる。丸ボイラよりも水管ボイラの方がボイラ水の管理は厳しくなる。船舶の高出力化にともない，ボイラは高圧・高温の蒸気条件が要求されるようになった。

6.2　蒸気タービン

6.2.1　蒸気タービン船

蒸気タービンを主機関とした蒸気タービン船は，ディーゼルエンジンの高出力化に伴い淘汰されてきた。LNG船においてボイルオフガスの処理を目的に蒸気タービンを主機関として使用してきたが，LNGを燃焼させることのできるエンジンの出現により，蒸気タービン主機関の新造船は見られなくなった。船舶の主機関としては淘汰されたものの，10万馬力以上の高出力を発生し，信頼性の高い原動機として蒸気タービンは，原子力発電所や火力発電所など多くの場所で使用されている。船舶においてこのまま蒸気タービンがなくなってしまうのかといえば，そうではなく大型ディーゼル主機関の船舶において排ガスエコノマイザを使った蒸気タービン発電機や原油タンカーの荷役ポンプの駆動用として存在している。また，電力消費の大きい大型クルーズ客船において，ガスタービンと蒸気タービンを組み合わせたコンバインドサイクル発電システムによる電気推進船が存在する。蒸気タービン船の概略を図6.7に示す。

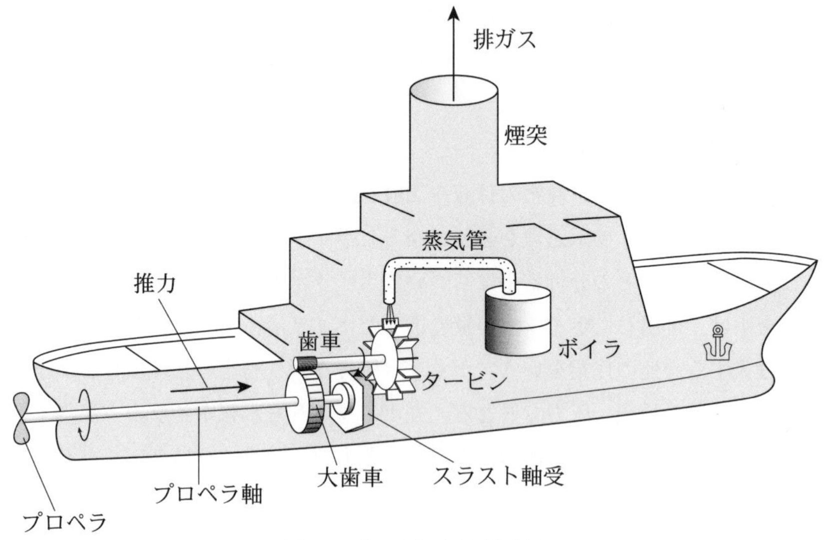

図6.7　タービン船の概略図

6.2.2　蒸気タービンプラントの概要

蒸気タービンは，それのみでは動かすことはできない。蒸気を発生させるためのボイラ，ボイラに給水するためのポンプ，蒸気を復水するための復水器などが必要になる。これら一連の機器を蒸気タービンプラントという。蒸気タービンプラントの構成を図6.8に示す。

① 給水ポンプ：ボイラ水を高圧のボイラ内に給水する機械。

② ボイラ：燃料を燃焼させて水を加熱して水蒸気を発生させる装置。

③ 過熱器：ボイラで発生した飽和蒸気をさらに加熱して，熱エネルギの大きい過熱蒸気にするための熱交換器。

④ 蒸気タービン：蒸気を膨張させて，蒸気の持つ圧力エネルギを運動エネルギに変え，その高速の蒸気流を利用して仕事を得る装置。

⑤ 復水器：蒸気タービンの排気蒸気を，海水などで冷却して水に戻す熱交換器。蒸気が水に凝縮される際，真空となり蒸気の持つ熱エネルギをできるだけ低温まで使うことにより，熱効率を高くすることができる。

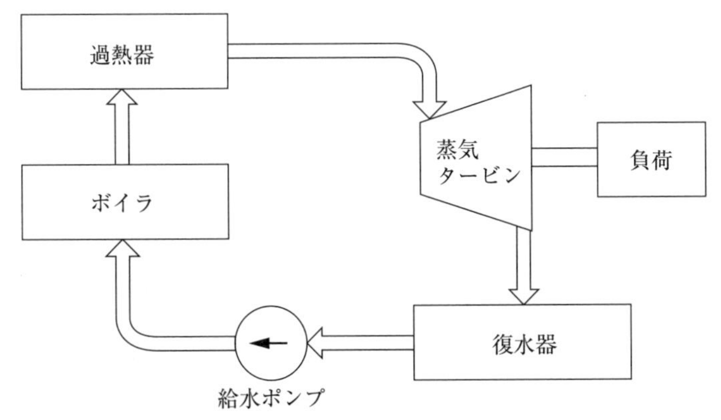

図6.8 蒸気タービンプラントの構成

6.2.3 蒸気タービンの作動原理

蒸気の作動状態によって衝動作用を利用した衝動タービンと，反動作用を利用した反動タービンがある。

① 衝動タービン：高速の蒸気流を羽根に衝突させて仕事をさせるもの。衝動タービンのルーツは1629年にブランカが考案したもので，加熱した蒸気を羽根車に吹き付けて回転させるものである。ブランカの機械の略図を図6.9(a)に示す。

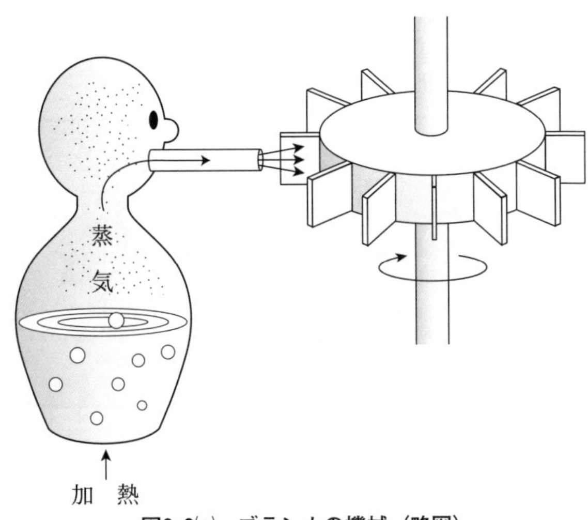

図6.9(a) ブランカの機械（略図）

② 反動タービン：高速の蒸気流が羽根を出るときの反動によって仕事を

するもの。反動タービンのルーツは紀元前にまでさかのぼりヘロンの回転球とよばれるものである。この機械は球から蒸気を噴出させることにより，その反動力により回転させるものである。ヘロンの回転球を図6.9(b)に示す。

図6.9(b)　ヘロンの回転球（略図）

6.2.4　蒸気タービンの構造

蒸気タービンの断面を図6.10に示す。

①　動翼：高速の蒸気流を受けて回転し動力を発生させる羽根。回転ばねとも呼ばれる。

②　ノズル：衝動タービンに設置し，蒸気の持つ熱エネルギを速度エネルギーに変換させるもの。

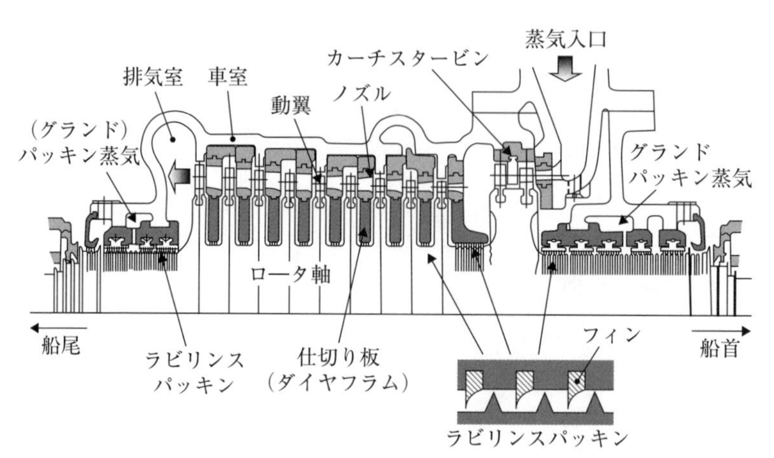

図6.10　蒸気タービンの断面
出典：「海技士4E解説でわかる問題集」海文堂出版

③　タービンローター：車軸および動翼を取り付けたディスク全体をさす。

④　グランドパッキン：車軸が車室を貫通する部分の軸封装置。

⑤　ラビリンスパッキン：フィンを車室側と軸側に交互に配置し，流路抵抗を利用して軸封をするもの。

⑥　静翼：反動タービンに設置され，衝動タービンのノズルと同様の働きをするが，構造が動翼に似て，全周に配置されているため静翼と呼ばれる。その他，固定羽根や案内羽根とも呼ぶ

6.2.5　蒸気タービンの型式

(1)　単式衝動タービン

このタービンは1883年，スウェーデンのドラバルが考案したもので，１列のノズルと１列の回転羽根からなる簡単な構造のタービンである。図6.11(a)参照。

(2)　速度複式衝動タービン

速度複式衝動タービンの代表的なものはカーチスタービンがある。このタービンは1896年，アメリカのカーチスが考案したもので，１つの翼車に２列以上の回転羽根を植え込み，ノズル→動翼→案内羽根→動翼の順に蒸気を流入させる。図6.11(b)参照。

(3)　圧力複式衝動タービン

圧力複式衝動タービンはノズルと回転羽根を交互に，直列に並べたものでツェリータービンやラトータービンはこの形式に属する。第２段以降のノズルは仕切板に設置される。ノズルを通過する毎に蒸気圧力は降下し，タービン全体の圧力降下を分割するので圧力複式と呼ばれる。図6.11(c)参照。

(4)　軸流反動タービン

流体の流動方向が回転軸に沿うタービンを，軸流タービンという。軸流反動タービンの代表はパーソンスタービンである。この型式は回転羽根と固定羽根が交互に配置されており，衝動タービンのようなノズルは存在しない。衝動タービンの回転羽根の作用と異なるのは反動タービンの回転羽根の流路面積を出口方向に狭くしているので回転羽根内で蒸気は膨張する。このため回転羽根

内で蒸気は圧力降下し，加速する。その結果，蒸気は羽根出口で流出方向とは逆方向の反動力を与える。回転羽根前後の圧力差のため翼車にスラスト（推力）が生じる。図6.11(d)参照。

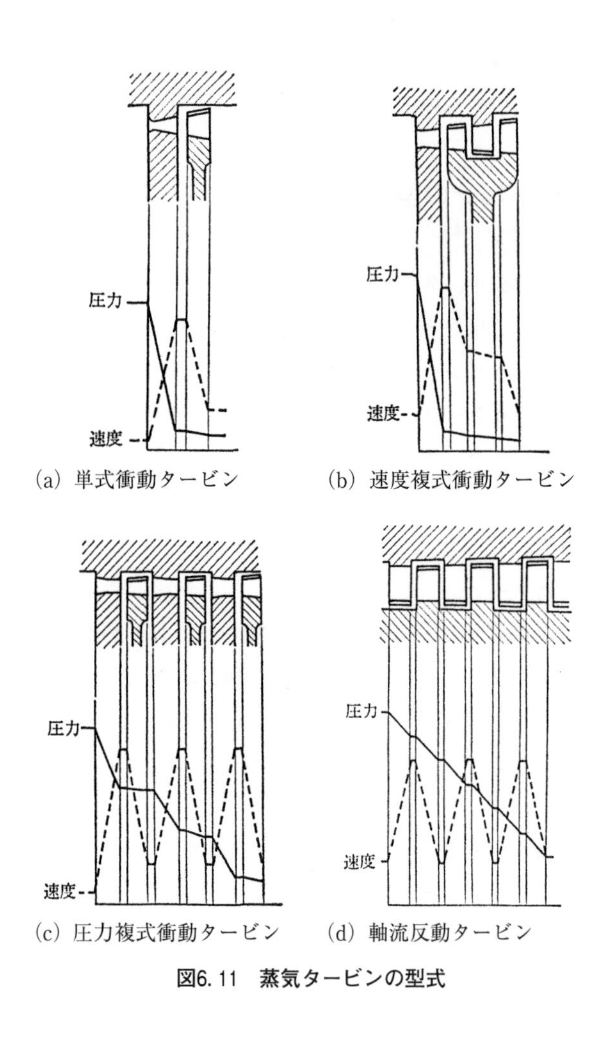

図6.11　蒸気タービンの型式

6.2.6 蒸気タービン船の運転

ボイラで発生した高圧高温の蒸気は操縦弁を流れる。操縦弁は前進または後進タービンに流入する蒸気量を加減する。操縦弁の役目はタービンの出力調整および船の前後進の切換えスイッチのような働きがある。前進用のタービンは高圧タービンと低圧タービンの2個のタービンが存在する。船が前進する場合，蒸気は高圧タービン，低圧タービンの順に流れる。船が後進する場合，蒸気は後進タービンのみ流れる。タービンから排出された蒸気は主復水器に流入し，そこで海水によって冷却され，蒸気は復水される。タービンの回転数は高いほど出力が増すが，速度比と効率との関係から3,000～7,000rpm程度が適正回転数である。一方，プロペラはキャビーション防止および推進効率の向上の観点から回転数が低い方がよく，約100rpmが一般的である。従って，タービンとプロペラの性能を高く保つためには減速装置が必要となる。船用の減速装置には歯車が採用され，一般に2段減速である。プロペラが水中で回転すれば，水からプロペラは推力（スラスト）を受け，プロペラ軸からスラスト軸に伝えられ

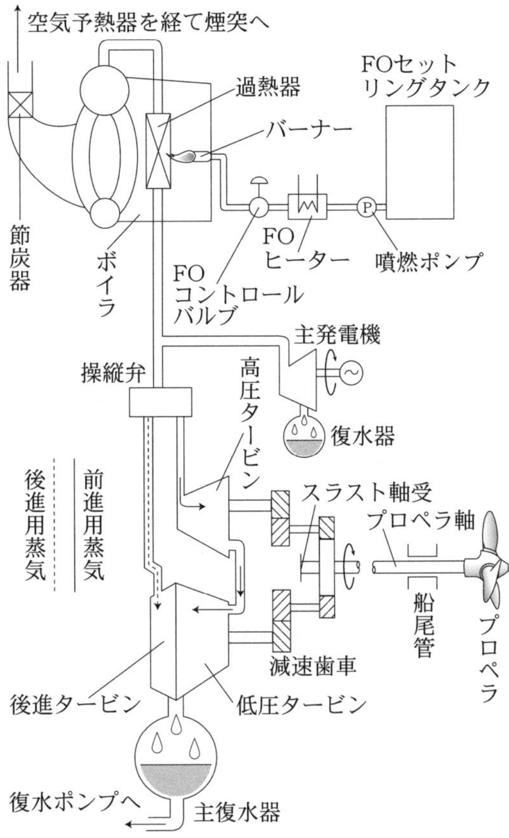

図6.12 蒸気タービン推進プラント概略図

る。スラスト軸受は船体に設置されており，回転しながらスラスト軸受にプロペラのスラストを伝える。その結果，船はプロペラの回転速度に応じて航走できる。蒸気タービン推進プラントの概略を図6.12に示す。

6.3 ガスタービン

6.3.1 ガスタービンの概略

ガスタービンは，蒸気タービンや往復動内燃機関に比べ，新しい原動機である。往復動内燃機関では動作流体の熱エネルギをピストンの往復運動に変換し，連接棒およびクランク軸によって往復運動を回転運動に変換する。このように往復動内燃機関ではエネルギ伝達に媒介装置が必要である。この媒介装置を排除し，ガスの熱エネルギを直接回転運動に変換させるために考案された熱機関がガスタービンである。往復動内燃機関とガスタービンのエネルギ伝達の比較を図6.13に示す。最も単純なガスタービンは図6.14に示すように圧縮機，燃焼器およびタービンから成る。外部動力によって起動された圧縮機に空気が吸入，圧縮され，高圧空気となる。燃焼器に圧送された空気は燃料と混合し，そこで燃料は燃焼する。燃焼器で得られた高圧・高温の燃料ガスはタービンで膨張し回転させ動力を発生させた後，大気中へガスが排出される。ガスタービンの動作流体は燃焼ガスであり速度型内燃機関に分類される。圧縮機を駆動する仕事はタービンの出力でまかなわれ，一般にタービンの発生仕事の約2/3

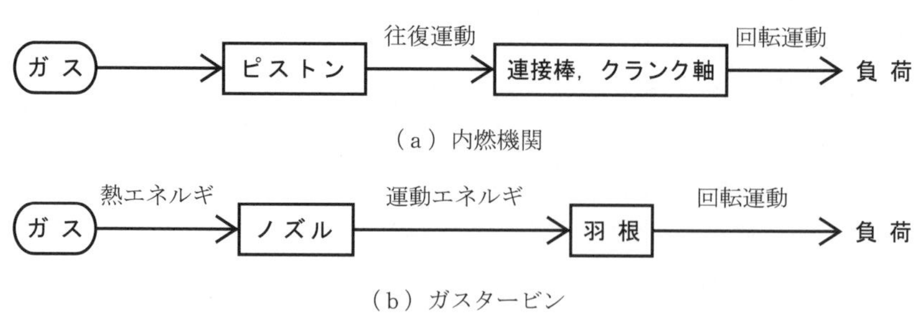

図6.13 往復動内燃機関とガスタービンのエネルギ伝達

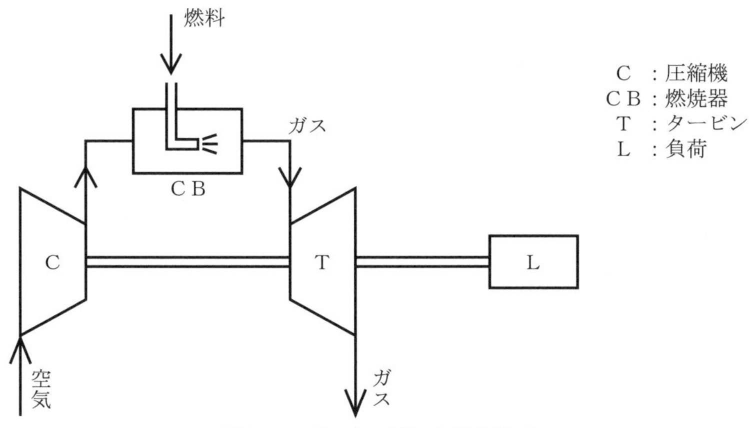

図6.14　ガスタービンの基本構成

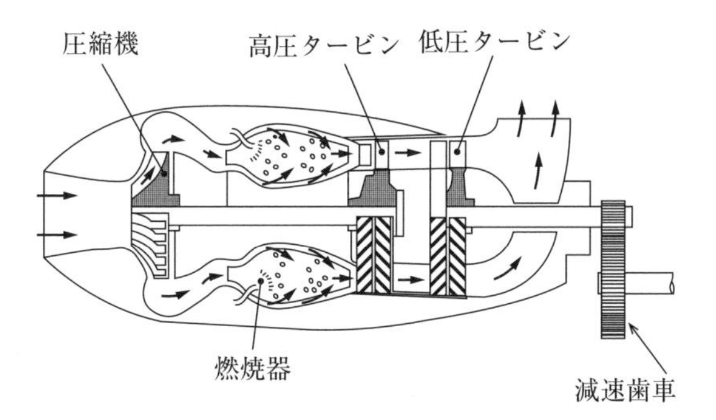

図6.15　舶用推進用ガスタービンの構造

が圧縮機の駆動に必要とされる。したがって，タービン出力の約1/3が正味出力となる。舶用推進用ガスタービンの構造を図6.15に示す。

6.3.2　ガスタービンの特長

ガスタービンの性能は第二次世界大戦で航空機の性能向上の必要性によって著しく進歩した。このため，ガスタービンの技術は航空用原動機として成熟し，後に航空用ガスタービンの技術が他分野へ応用されることになった。このように航空用ガスタービンを航空用以外の分野に転用されたものを航空転用形ガスタービンとよぶ。これに反し，初めから陸用または船用ガスタービン用に設計されたものを産業（重構造）形ガスタービンという。ガスタービンの一般的な特長を以下に示す。

⑴　長所

① 小型，軽量で出力が大きい。換言すると，単位出力当りの質量が小。

② 構造が簡単で，部品数も少ない。

③ トルク変動が少ない。

④ 冷却水が不要，もしくは少量でよい。

⑤ 始動時間が短い（寒冷時でも）。

⑥ 保持が容易。

⑦ 振動が少ない。

⑧ 起動時の着火ミスが少ないため，速く確実に起動できる。

⑨ 長時間の無負荷運転（先行待機運転）が可能である。

⑵　短所

① 熱効率が低い。

② 騒音が大。

③ 耐熱性に富む材料が求められるため，価格が高い。

④ 始動に外部動力が必要である。

6.3.3　ガスタービンの用途

ガスタービンの用途を大別すると，航空用，陸用および船用になる。

⑴　航空用

① ターボプロップ（プロペラ機・ヘリコプター）

② ターボジェット

⑵　陸用

① 非常用発電機

② 機械駆動用ガスタービン

③ 大型発電プラント（コンバインドサイクル）

(3)　船用

①　ジェットフォイル

②　大型クルーズ客船（コンバインドサイクル発電による電気推進船）

③　艦船

6.3.4　コンバインドサイクル発電

ガスタービンと蒸気タービンを組み合わせた発電方式で，ガスタービンの排熱を利用して排熱回収ボイラにて蒸気を発生させ，その蒸気でガスタービンと同軸に設けた蒸気タービンを駆動させ発電機を回転させる。熱効率が非常に高く60%を達成する。図6.16にコンバインドサイクル発電の概略を示す。

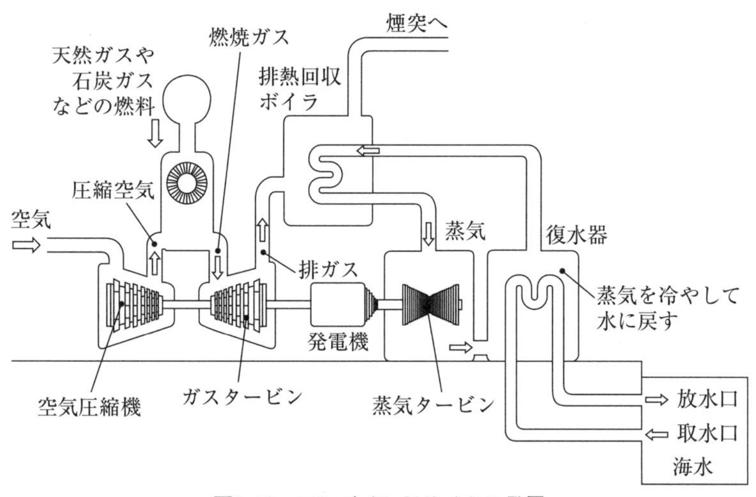

図6.16　コンバインドサイクル発電

■演　習　問　題■

6.1　蒸気の特長と，蒸気加熱のメリットをあげよ。

6.2　水を加熱する時，温度上昇に使われる熱を何というか。また，水が蒸気に状態変化するのに使われる熱を何というか。

6.3　飽和蒸気とはどのような蒸気か。また，過熱蒸気とはどのような蒸気か。

6.4　水管ボイラおよび丸ボイラの特徴をそれぞれあげよ。

6.5　排ガスエコノマイザとはどのような装置か説明せよ。

6.6　コンポジットボイラとはどのようなボイラか説明せよ。

6.7　蒸気タービンプラントの構成機器をあげよ。

6.8　衝動タービンと反動タービンについてそれぞれ説明せよ。

6.9　ガスタービンの構成機器と作動について述べよ。

6.10　コンバインドサイクル発電とはどのようなものか説明せよ。

第7章　補　機

補機は，主機関および推進装置以外の，直接推進に関係しない機械類すべてを指す。ディーゼル主機関の船の場合，発電機やボイラも補機に分類されるが，本章ではここまでに述べた主要機器以外で，船舶に搭載される一般的な補機について説明する。

7.1　甲板機械

甲板機械は，機関室に置かれていない補機の総称で，主に操舵装置，係船装置，荷役装置などがある。これらの装置の動力には，モータの力で直接駆動する電動式と，モータの力を一度油圧に変換する電動油圧式がある。

7.1.1　電動油圧システム

電動油圧システムはパスカルの原理を利用して，比較的小さなポンプで大きな力を発生することができる。モータを回し油圧ポンプで作動油を汲み上げ，圧力を発生し，切換バルブを通り油圧シリンダを動かす。シリンダの移動速度は

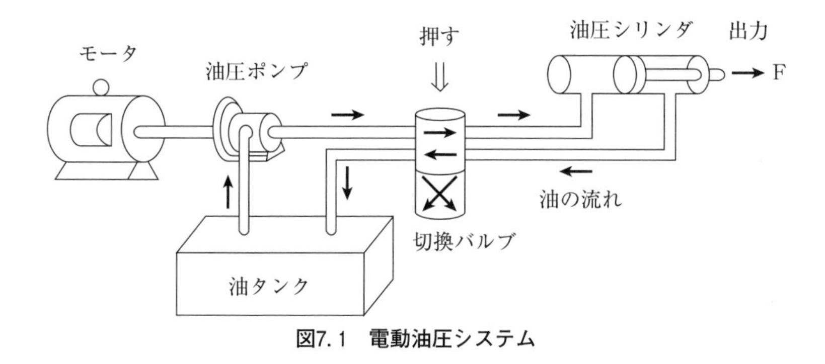

図7.1　電動油圧システム

油圧ポンプの油の吐出量に比例する。電動油圧システムについて図7.1に示す。

7.1.2 電動油圧システムの特長

電動油圧システムの特長は以下のとおりである。

① 小型軽量で大出力である。

② 運転速度が広範囲かつ無段階に変えることができる。

③ 耐水性がよい。

④ 運転操作が簡単である。

⑤ 複数の機械を，一台の油圧ポンプで運転できる。

⑥ 遠隔操縦，集中制御が可能で自動化，省力化に適している。

7.1.3 パスカルの原理

図7.2のような，パイプでつながれた，大きいシリンダと小さいシリンダを準備する。大きなシリンダの面積は，小さなシリンダの4倍である。このとき，小さいシリンダに乗せた10kgの重りと，大きいシリンダに乗せた40kgの重りは釣り合う。つまり，小さな力がシリンダ面積に比例して増大する。ここで，小さいピストンを40mm押し込んだとき，大きなピストンは10mm上昇する。小さいシリンダから供給された油の量だけ上昇するから，上がった長さは

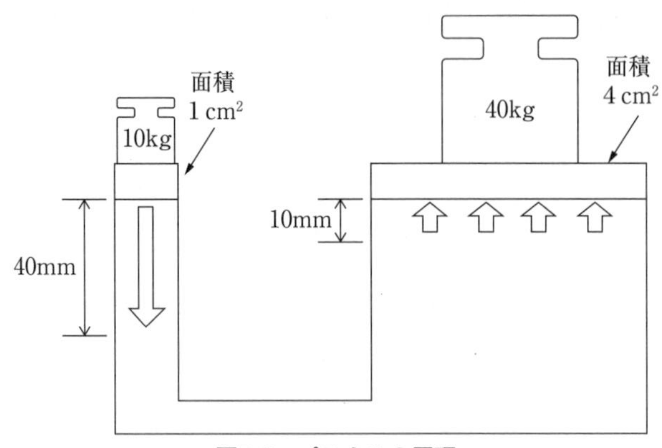

図7.2 パスカルの原理

面積と逆比例する。これは密閉容器中の流体に圧力を加えると，その圧力と同じ強さで流体のすべての部分に伝わるという法則で，これをパスカルの原理といい，電動油圧システムの原理となっている。

7.1.4　船舶における電動油圧システムの使用箇所

船舶において油圧システムは，

①　舵取装置

②　ウインドラス・ムアリングウインチ・キャプスタンなどの係船装置

③　可変ピッチプロペラやスラスタの変節機構（翼角を変えるための動力）

④　クレーン

⑤　ハッチカバー・ランプウェイ・自動水密扉などの開閉装置

⑥　油圧クラッチ

など，様々な箇所において使用されている。

7.2　操舵装置

操舵装置は進路に合わせて操舵室にある舵輪（ホイール）で舵角を指示し，それに合わせて舵板（ラダー）を動かす機械である。ヨットやカッターなど小さな船では人力で舵板を操作することができるが，大型の船舶では動力を使って舵板を操作する。自動車にもパワーステアリング（パワステ）といって，運転者が軽い力でハンドルを回して自動車の進行方向を変えることができる装置が備え付けられている。ここでは，船舶で最も一般的に使用されている電動油圧式操舵装置について説明する。

7.2.1　操舵装置の構成

操舵装置は，①原動機，②操縦（管制）装置，③追求（追従）装置，④舵装置の４つの主要部で構成される。図7.3に操舵装置の主要構成について示す。

①　原動機・操舵機

舵板を動かすのに必要な動力を供給する。電動油圧式操舵装置では油圧システム全体を指す。

② 操縦（管制）装置

操舵室の舵輪（ステアリング）で指示した舵角まで舵板を操縦する。

③ 追求（追従）装置

操舵室の舵輪（ステアリング）で指示した舵角まで舵板が動いたら，その動きを停止させる。

④ 舵装置

原動機で発生した動力をラムピン，ラダーチラー，ラダーストックを介して舵に伝え，舵板を所要の方向へ回転させる装置。

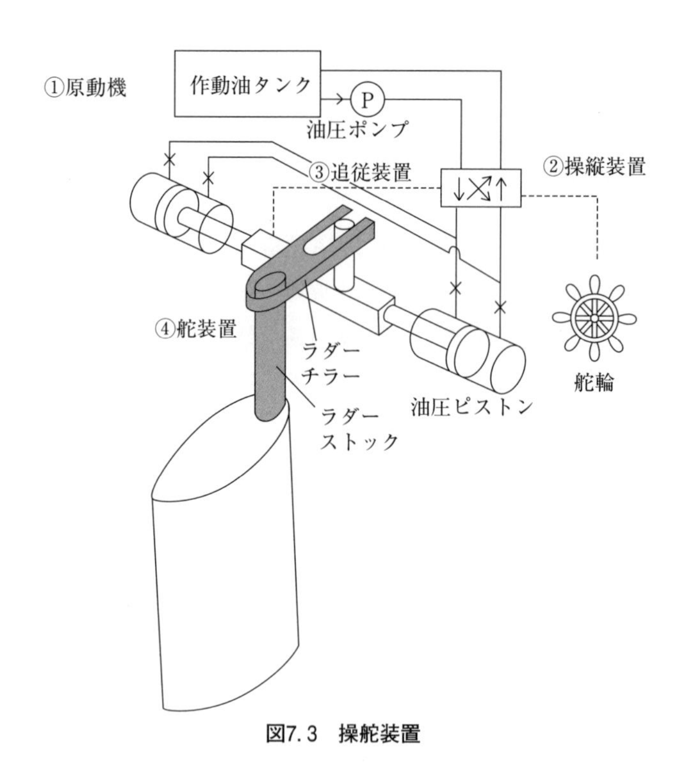

図7.3　操舵装置

7.2.2　操舵装置の種類

電動油圧式操舵装置の構造として　①ラプソンスライド式，②トランクピストン式，③ロータリーベーン式，がある。図7.4に操舵装置の種類について示す。

①　ラプソンスライド形

２つのシリンダを直列に配置し，ラムにより，ラムピン，チラーを介し舵軸を回転させる。比較的大型の船舶に用いられる。

②　トランクピストン形

２つのシリンダを並列に配置し，チラーの両端をピストンによって動かし，舵軸を回転させる。高舵角が得られ，据え付け面積が小さくまとまりが良いため比較的小型の船舶に用いられる。

③　ロータリーベーン式

円筒内の固定翼と回転翼の間に油圧を発生させることにより直接舵軸を回転させる。

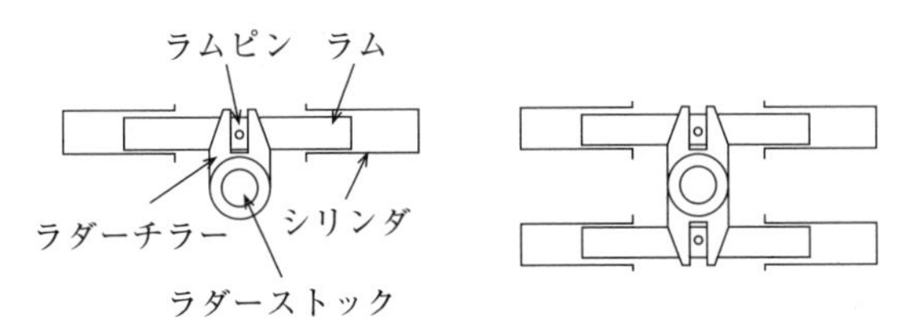

(a)　１ラム２シリンダ形　　(b)　２ラム４シリンダ形

①　ラプソンスライド形

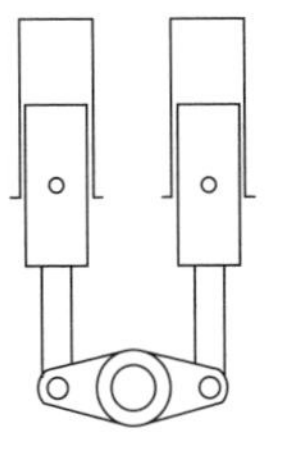

②　トランクピストン形　　③　ロータリーベーン形

図7.4　操舵装置の種類

7.2.3 操舵装置の能力

操舵装置の能力は船舶設備規程による船舶の操舵の設備の基準を定める告示により「最大航海喫水において最大航海速力で前進中に，舵を片舷35度から反対舷35度まで操作でき，かつ，片舷35度から反対舷30度まで28秒以内に操作できるものであること」と定められている。

7.3 係船装置

係船装置には，ウインドラス，ウインチ，キャプスタンなどがある。これらの多くが油圧システムにより動くが，電動機のみで動くものも存在する。

(1) ウインドラス

ウインドラス（揚錨機）は船首部に設置し，錨（アンカー）を投入したり，巻き上げたりする機械。

(2) ウインチ

ウインチには係船用，荷役用，漁業用がある。係船用のウインチはムアリングウインチと呼ばれ，ホーサーと呼ばれる係留索を巻き取る機械である。荷役用のウインチはカーゴウインチと呼ばれ，デリックの操作等に用いられる。漁業用のウインチとしてトロールウインチやラインホーラー，ネットホーラーなどがある。

(3) キャプスタン

ウインドラスやウインチは回転軸が水平に配置されているのに対して，キャプスタンは回転軸を垂直に配置して，錨鎖やロープを水平に巻き上げる機械。

7.4 荷役装置

船舶の荷役装置として，デッキクレーンやデリックがある。デッキクレーンはクレーン単体で積み荷を吊り上げ，デリックは甲板上のカーゴウインチで積み荷を吊り上げる。また，荷役装置にはハッチカバーやランプウェイも含まれる。ハッチカバーは貨物船において積荷を雨や波によって濡れないよう保護をする目的で設けたものである。ランプウェイはフェリーやRORO船*など，船内に車両を直接乗降させるために設けた，斜路と扉を兼ね備えたものである。これらの装置も多くが油圧システムにより動く。

※RORO船とはRoll-On/Roll-Off船の略でトラックやトレーラーが貨物を積載したまま自走で船に乗り込み，運搬する船。

7.5　冷凍装置・空気調和装置

船舶の冷凍装置は食料の保存や温度管理の必要な貨物の輸送になくてはならない機械である。また，空気調和装置は一般的に空調と呼ばれ，快適な船内環境を維持するために温度や湿度を調整する。空気調和装置は冷凍装置の原理を利用して空気を冷却し船内に供給する。

7.5.1　冷凍装置の原理

読者の皆さんもアルコール消毒液で手を消毒した時に冷たく感じた経験があると思う。このとき，アルコール消毒液は特に冷やされていたわけではなく，蒸発することにより，周囲の熱が奪われて冷たいと感じた。冷凍装置では，アルコール消毒液の代わりに冷媒が蒸発して，熱を吸収し冷却する。蒸発して気体となった冷媒を圧縮した後，冷却し，液体の状態に戻した後，再び蒸発させる。これを繰り返し循環させることにより冷却する。この繰返しを冷凍サイクルといい，冷凍装置の基本になる。

7.5.2　ガス圧縮式冷凍装置

冷凍装置として最も一般的なガス圧縮式冷凍装置について説明する。ガス圧縮式冷凍装置では，①圧縮機，②凝縮器，③膨張弁，④蒸発器，①圧縮機の順に冷媒が循環することで冷却する。図7.5にガス圧縮式冷凍サイクルを示す。

①　圧縮機・コンプレッサ

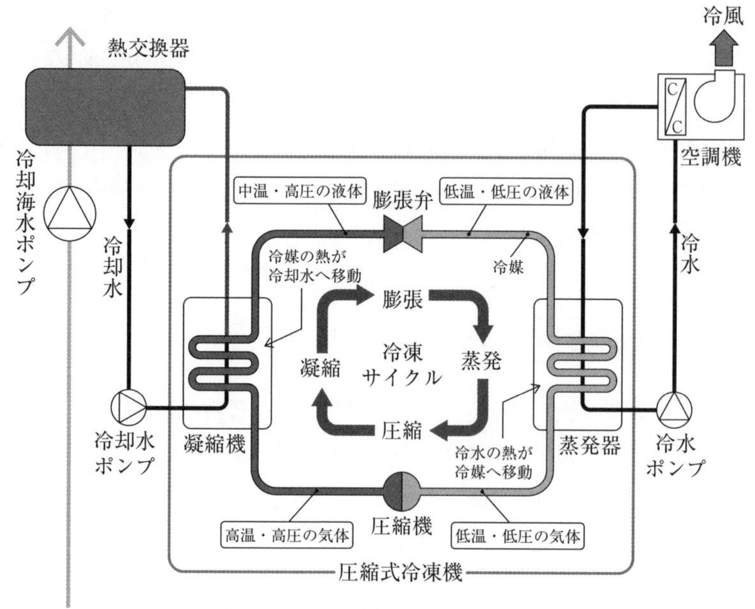

図7.5　ガス圧縮式冷凍サイクル

蒸発器から送り出された低温・低圧のガス冷媒を圧縮して，高温・高圧にする。

②　凝縮器・コンデンサ

圧縮機から送り出された高温・高圧のガス冷媒を冷却水又は空気で冷却し，液冷媒にする。

③　膨張弁

高圧の液冷媒を絞り作用により膨張させ，低温，低圧の液冷媒にする。

④　蒸発器

低温，低圧の液冷媒を蒸発させ，蒸発潜熱により周囲の熱を吸収する。

7.5.3　空気調和装置

現在，最も普及している空気調和装置としてエアコンディショナー（以下エアコン）があげられる。エアコンは，冷房時には冷凍装置の原理により空気を

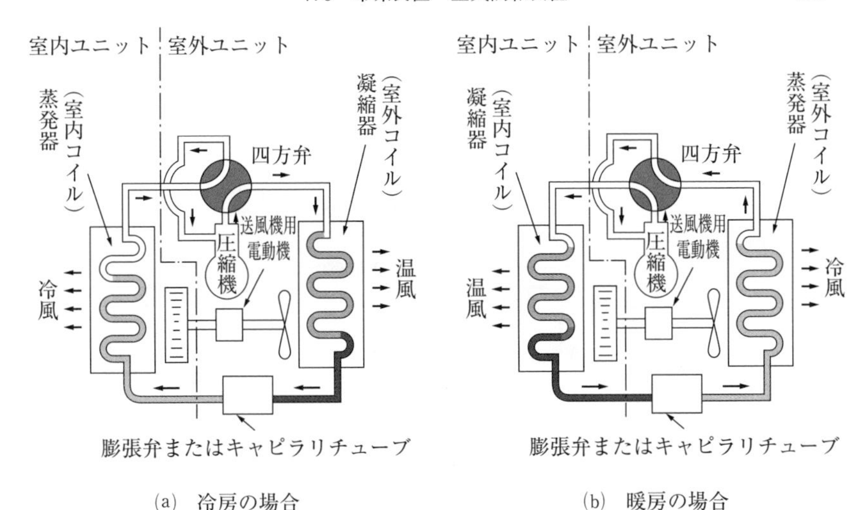

(a)　冷房の場合　　　(b)　暖房の場合

図7.6　エアコンの仕組み

出典：工業345「原動機」実教出版

冷却する。しかし，エアコンは冷房だけでなく暖房もできる。暖房時の仕組みは圧縮機で高温にした冷媒を使って空気を暖める。この仕組みはヒートポンプとよばれ家庭用の電気温水器としても普及している（図7.6）。

船舶の空気調和装置にはパッケージエアコンやマルチエアコンが一般に使用されている。パッケージエアコンは室外ユニットと室内ユニットが一対になって，船内の区画ごとに配置したり，船内に送り込む空気を冷却または加熱したりすることにより，冷房や暖房を行う。マルチエアコンは室外ユニット１つに対して複数の室内ユニットを設け，複数の区画を同時に冷房または暖房をすることができる。

一部の船舶ではエアコンではなく，冷房時は冷凍装置で発生した冷熱を，暖房時はボイラや排ガスエコノマイザで発生させた高温蒸気や高温油，高温水で，チラー水（ブライン）と呼ばれる循環水を冷却または加熱し，船内を循環させることにより，冷房または暖房を行う。このような方式をチラー式と呼ぶ。冷媒管を船内各所に配管する必要がないため，温暖化指数の高い冷媒ガス

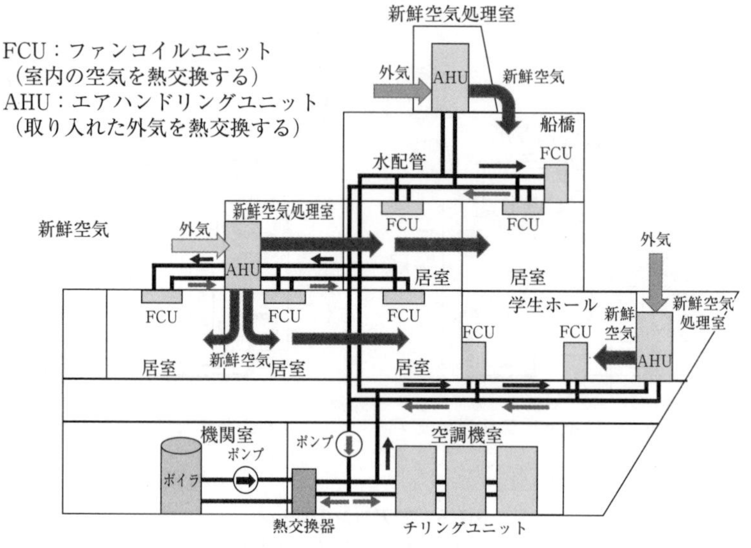

図7.7 チラー式空調設備

の使用量や漏れを少なくすることができことから，マルチエアコンに比べて環境性に優れている。図7.7にチラー式の空調設備について示す。

空気調和は温度以外にも，湿度や空気の清浄度，気流分布などを，室内の要求に見合うように処理することである。除湿の方法には，暖房して空気の温度を上げることで相対的に湿度を下げる方法と，冷房して空気中の水分を凝縮して取り除く方法がある。前者は冬に暖房をつけると乾燥が進む現象で，後者は夏に冷房をつけるとドレンとして外に排水される。加湿はエアコン単体ではできないため加湿器が必要となる。また，清浄度は換気装置や清浄装置，気流分布は送風機による風量や風向を調整する。空気調和装置は以下の4つから構成される。

① 熱源装置

冷熱や温熱を発生させる装置。チラー式空調設備ではチリングユニット（冷凍装置）やボイラが熱源装置になる。

② 空気調和機・清浄装置

空気調和機は空気の温度や湿度を調整する装置。チラー式空調設備ではファンコイルユニットやエアハンドリングユニットが空気調和機になる。清浄装置はエアフィルター等で粉じんやウイルス，臭気などを除去する。

③ 搬送装置

熱媒を輸送する循環ポンプや送風機およびダクト，吹出口が搬送装置になる。

④ 自動制御装置

上記の①～③の機器を制御して，温度や湿度を一定に保つ。

7.6 ポンプ

ポンプは液体にエネルギを与え，圧力を高めたり，高所に揚げたり，移動させたりする流体機械である。船では主機関の運転に必要な液体を供給する，冷却清水ポンプ，冷却海水ポンプ，燃料油ポンプ，潤滑油ポンプ。船内生活に必要な飲料水ポンプやトイレに流す水を供給するサニタリーポンプ。火災発生時の消火活動に使用する消火ポンプ。タンカーの液体荷役に用いるカーゴポンプなど，様々なところで使用されている。

7.6.1 ポンプの性能

ポンプの性能は，揚水できる高さである揚程（ヘッド・水頭）で表す。ポンプが揚水できる理論的な高さを全揚程H［m］，ポンプが揚水できる実際の高さ，すなわち吐出し水面と吸込水面の高さの差を実揚程Ha［m］という。全揚程H［m］と実揚程Ha［m］は次の式で表される。

全揚程H［m］＝実揚程Ha［m］＋全損失ヘッドHt［m］

実揚程Ha［m］＝吐出し実揚程Hb［m］＋吸込実揚程Hs［m］

全損失ヘッドHt［m］は抵抗等による損失をヘッドで表したもの。吸込実揚程Hs［m］は大気圧が水を押す高さ（水柱）で理論上約10［m］となる。実際には完全な真空にすることは難しいため約７［m］が限界となる。大気圧によ

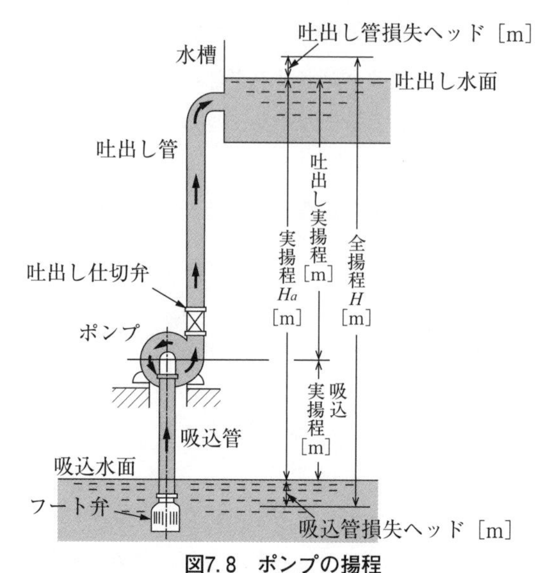

図7.8　ポンプの揚程

出典：工業345「原動機」実教出版

る水柱は次の通り計算できる。

$$大気圧：1013[\mathrm{hPa}]=101300[\mathrm{Pa}]=101300\left[\frac{\mathrm{N}}{\mathrm{m^2}}\right]=101300\left(\frac{\frac{\mathrm{kgm}}{\mathrm{s^2}}}{\mathrm{m^2}}\right)=101300\left[\frac{\mathrm{kg}}{\mathrm{ms^2}}\right]$$

$$水の比重：1000\left[\frac{\mathrm{kg}}{\mathrm{m^3}}\right]\qquad 重力加速度：9.8\left[\frac{\mathrm{m}}{\mathrm{s^2}}\right]$$

$$大気圧による水柱=101300\left[\frac{\mathrm{kg}}{\mathrm{ms^2}}\right]\div\left(1000\left[\frac{\mathrm{kg}}{\mathrm{m^3}}\right]\times 9.8\left[\frac{\mathrm{m}}{\mathrm{s^2}}\right]\right)=10.3\ [\mathrm{m}]$$

ポンプの揚程について図7.8に示す。

7.6.2　ポンプの動力と効率

密度ρ［kg/m^3］の液体を，吐出し量Q［m^3/s］で全揚程H［m］でくみ上げる場合，ポンプの動力はρgQH［W］の動力を液体に与えなければならない。

単位換算は次の通りになる。$\frac{kg}{m^3} \cdot \frac{m}{s^2} \cdot \frac{m^3}{s} \cdot m = kg \cdot \frac{m}{s^2} \cdot m \cdot \frac{1}{s} = \frac{N \cdot m}{s} = \frac{J}{s} = W$

この液体に必要な動力をポンプの水動力Pw[kW] といい次の式で表される。

$Pw = \frac{\rho g Q H}{1000}$ [kW] (1000で割ることで [W] を [kW] に換算している。)

実際にはポンプ内の流体摩擦や，軸受の摩擦抵抗等による損失があるため，モータ等によってポンプを運転するのに必要な軸動力Pe [kW] は，ポンプの水動力Pw[kW] より大きくなる。ポンプ効率：η [%] は次の式で表される。

$$\eta = \frac{\text{ポンプの水動力}}{\text{電動機の軸動力}} \times 100 = \frac{Pw}{Pe} \times 100 \ [\%]$$

ポンプ効率η [%] は，ポンプの種類・形式・吐出し量・全揚程および使用揚液によって異なるが，一般に70～95 [%] 程度で，小型になるに従って効率は低下する。

7.6.3 ポンプの種類

移送する液体の性質や，圧力，流量に合わせて様々な種類のポンプが存在する。ポンプの種類には羽根車を回転させ，液体にエネルギを与える非容積形ポンプと，容積変化をすることにより液体にエネルギを与える容積形ポンプ，それ以外の特殊形ポンプに分類される。表7.1にポンプの種類を示す。

7.6.4 非容積形ポンプ

非容積形ポンプはターボポンプとも呼ばれ，遠心ポンプ，軸流ポンプ，斜流ポンプの３つに分類される。

(1) 遠心ポンプ

遠心ポンプは，回転する羽根車（インペラ）の高速回転によって液体に遠心力を与え，これにより揚水する。ケーシングの内部に案内羽根がないものをうず巻ポンプやボリュートポンプと呼び，案内羽根があるものをタービンポンプやディフューザーポンプと呼ぶ。図7.9にうず巻ポンプとタービンポンプにつ

表7.1　ポンプの種類

<table>
<tr><td rowspan="21">ポンプ</td><td rowspan="5">非容積形ポンプ（ターボポンプ）</td><td rowspan="2">遠心ポンプ</td><td>うず巻ポンプ</td></tr>
<tr><td>タービンポンプ</td></tr>
<tr><td rowspan="2">プロペラポンプ</td><td>軸流ポンプ</td></tr>
<tr><td>斜流ポンプ</td></tr>
<tr><td colspan="2">粘性ポンプ（渦（か）流ポンプ摩擦ポンプ・再生ポンプ・ウエスコポンプ）</td></tr>
<tr><td rowspan="14">容積形ポンプ</td><td rowspan="5">往復式</td><td>ピストンポンプ・プランジャポンプ</td></tr>
<tr><td>ラジアル型（例：ヘルショーポンプ）</td></tr>
<tr><td>アキシャル型・斜板ポンプ（例：ウイリアム・ジャネーポンプ）</td></tr>
<tr><td>ダイヤフラムポンプ</td></tr>
<tr><td>ウイングポンプ</td></tr>
<tr><td rowspan="9">回転式</td><td>歯車ポンプ・ギアポンプ</td></tr>
<tr><td>外接歯車ポンプ（平歯車，はすば歯車，はすば歯車）</td></tr>
<tr><td>内接歯車ポンプ</td></tr>
<tr><td>ねじポンプ</td></tr>
<tr><td>１本ねじポンプ（例：スネークポンプ，モーノポンプ）</td></tr>
<tr><td>２本ねじポンプ（例：クインビーポンプ）</td></tr>
<tr><td>３本ねじポンプ（例：イモポンプ）</td></tr>
<tr><td>フレキシブルインペラーポンプ（例：モノフレックスポンプ，ヤブスコポンプ）</td></tr>
<tr><td>ロータリーベーンポンプ</td></tr>
<tr><td rowspan="2">特殊ポンプ</td><td>噴射ポンプ（ジェットポンプ）</td><td>（例：エゼクタ，エンダクタ，インゼクタ）</td></tr>
<tr><td>気泡ポンプ（エアリフト）</td><td></td></tr>
</table>

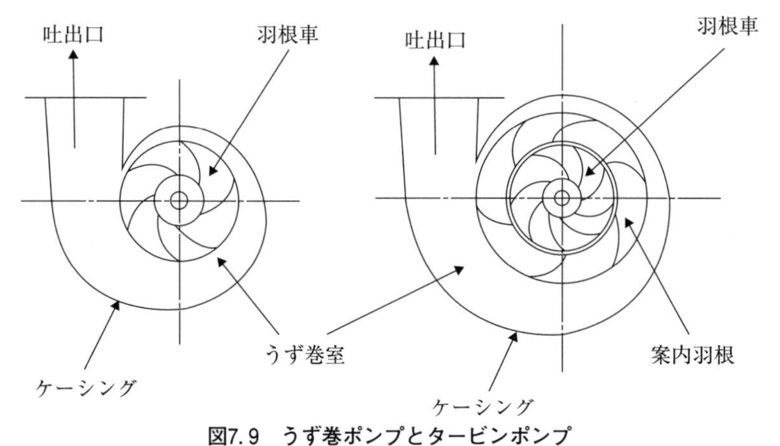

図7.9 うず巻ポンプとタービンポンプ
（成山堂 運輸省船員局教育課「機関図集」に追記）

いて示す。遠心ポンプは船舶において清水系統や海水系統などで使用される。

⑵ うず巻ポンプの構造

うず巻ポンプの各部の名称について図7.10に示す。

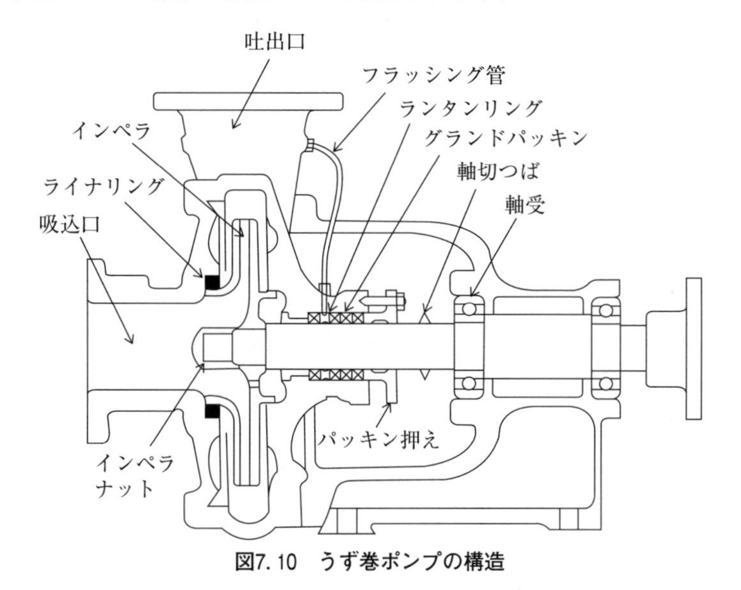

図7.10 うず巻ポンプの構造

(3) 軸流ポンプと斜流ポンプ

軸流ポンプはプロペラポンプとも呼ばれ，船のスクリュープロペラと同じ原理で，羽根車の軸方向に液体を吐出する。揚程は低いが大容量である。斜流ポンプは，遠心ポンプと軸流ポンプの中間的な性質を持つポンプである。図7.11に軸流ポンプと斜流ポンプを示す。

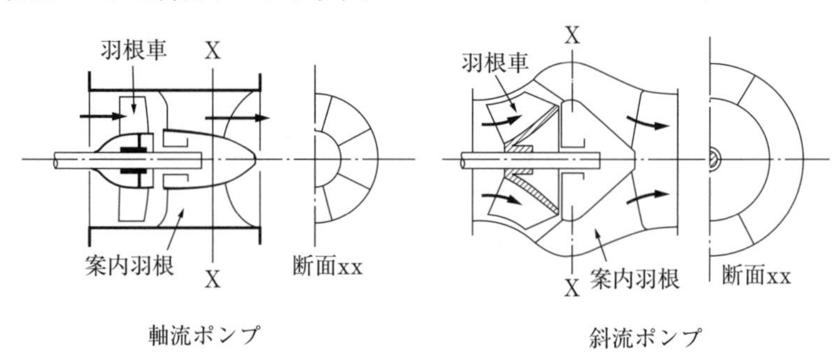

図7.11 軸流ポンプと斜流ポンプ

7.6.5 容積形ポンプ

容積形ポンプは，一定空間容積にある液体を往復運動または回転運動により，容積変化をさせ液体を移送させるポンプである。

7.6.5.1 容積形往復ポンプ

往復運動による容積の変化を利用して吸入と吐出を行うポンプである。主にピストンポンプ・プランジャポンプ，ダイヤフラムポンプ，ウイングポンプなどがある。ここでは船舶で使用用途の多い，ピストンポンプについて解説する。

(1) ピストンポンプ・プランジャポンプ

図7.12のような竹の筒でできた水鉄砲を思い浮かべてほしい。内部のピストンを引くと水が入り，ピストンを押すと水が出る。水鉄砲の場合は同じ孔から水が出入りするが，ピストンポンプの場合，吸入弁と吐出弁を設け，流れを一方向にして

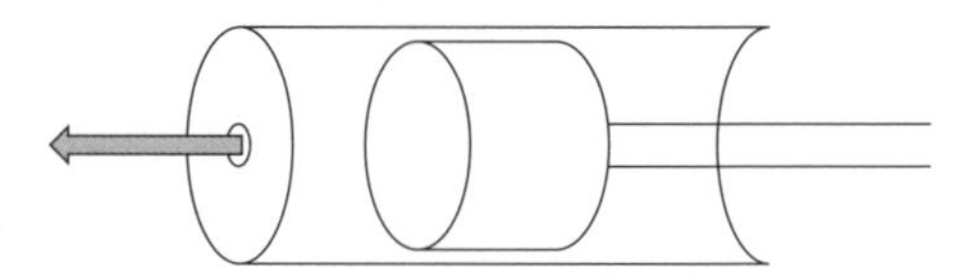

図7.12 水鉄砲・往復ポンプの原理

いる。吸入行程と吐出行程が交互に行われるため，脈動とよばれる，脈を打ったような流れが発生する。脈動を抑えるため，多気筒にしたり，空気室を設けたりする。プランジャとはピストンが丸棒状になっているもので棒ピストンとも呼ばれる。ディーゼルエンジンの燃料噴射ポンプはプランジャポンプの一種である。ピストンポンプおよびプランジャポンプは吐出圧力が高いため，油圧ポンプとして使用される。また，船舶では次の理由からビルジポンプにピストンポンプが使用されている。

① 空気が混入していても，ビルジと共に排出できる。
② 撹拌しないため，油水分離機での分離作用が良好。
③ 吐出圧を高くすることができる。
④ 低速運転ができる。

⑵ ピストンポンプの分類

ピストンポンプはピストンとシリンダの配列により次の３つに分類できる。

① レシプロ型：ピストンをクランクまたはカムにより駆動するもの。
② アキシャル型：ピストンを駆動軸と平行に配置したもの。
③ ラジアル型：ピストンを駆動軸に対して，半径方向に放射状に配置したもの。

ピストンポンプの分類について図7. 13に示す。

⑶ ヘルショーポンプ

ヘルショーポンプはラジアル型の可変容量ピストンポンプである。シリンダブロックを回転させ，遠心力でプランジャを遊動輪環に押し当てる。軸と遊動環の位置関係を変更することにより，プランジャのストロークが変更され，吐出量および吐出方向が変更できる。ヘルショーポンプは電動油圧式操舵装置の油圧ポンプに採用されている。ヘルショーポンプの作動原理を図7. 14に示す。

⑷ ジャネーポンプ

ウイリアム・ジャネーポンプ（以下ジャネーポンプ）はアキシャル型の可変容量ピストンポンプである。シリンダブロックを回転させると，斜板に沿ってプランジャが往復運動する。斜板の角度を変更することにより，プランジャの

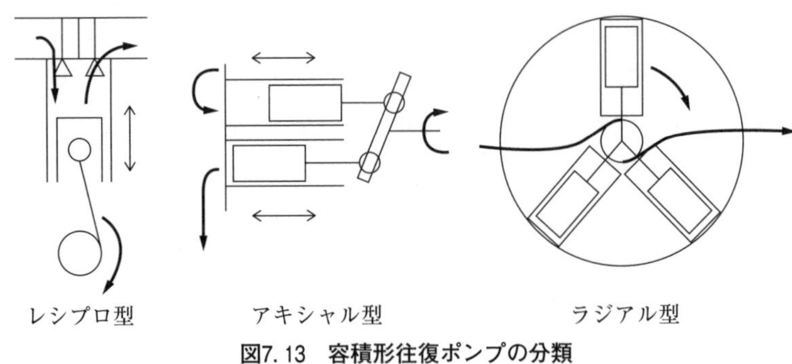

図7.13　容積形往復ポンプの分類

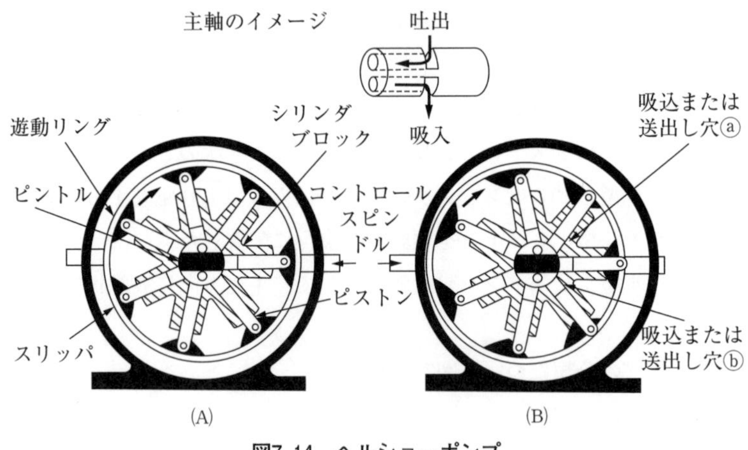

図7.14　ヘルショーポンプ

ストロークを変更し，吐出量および吐出方向が変更できる。ジャネーポンプは電動油圧式操舵装置の油圧ポンプに採用されている。ジャネーポンプの作動原理を図7.15に示す。

7.6.5.2　容積形回転ポンプ

歯車などの回転体を回転させて，すきま容積を変化させることにより吸込みと吐出しを行うポンプ。主に歯車(ギヤ)ポンプ，ねじポンプ，ロータリーベーンポンプ，フレキシブルインペラーポンプなどがある。船舶では油などの比較

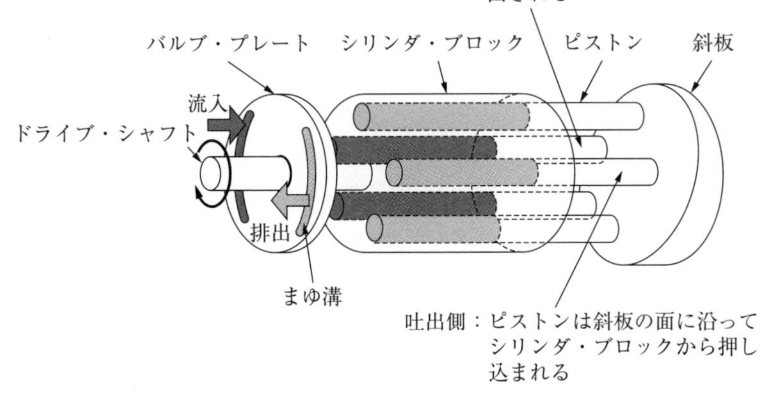

図7.15　ジャネーポンプ

的粘度の高い液体の移送に使用される。

⑴　歯車ポンプ・ギアポンプ

歯車がかみあって回転する際，液体はケーシングの内面と歯の間を通って送り出される。歯車ポンプには外接式と内接式がある。図7.16に歯車ポンプを示す。図中の歯車の回転方向が矢印のとき，ポンプの送出し方向は左から右になる。

⑵　ねじポンプ

ねじポンプはスクリューポンプとも呼ばれ，螺旋状の溝が回転することにより，閉じ込め空間が軸方向へ移動して液体を移送するポンプ。1軸ねじポンプ，2軸ねじポンプ，3軸ねじポンプがある。1軸ねじポンプはモーノポンプや，形状からスネークポンプとも呼ばれ，固形粒子を含む液体移送が可能で，船舶ではスラッジポンプやビルジポンプなどで使用される。2軸ねじポンプおよび3軸ねじポンプは，ねじ同士がかみ合いながら回転して液体を移送する。船舶では潤滑油ポンプや燃料油ポンプなどで使用される。3軸ねじポンプはIMO（イモ）ポンプとも呼ばれている。図7.17に各種ねじポンプを示す。

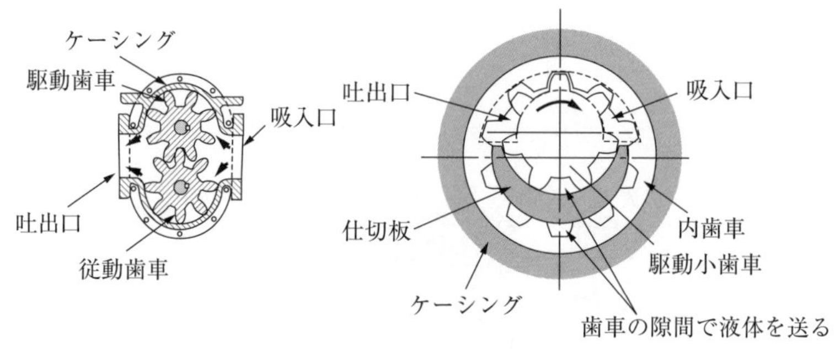

図7.16 歯車ポンプ

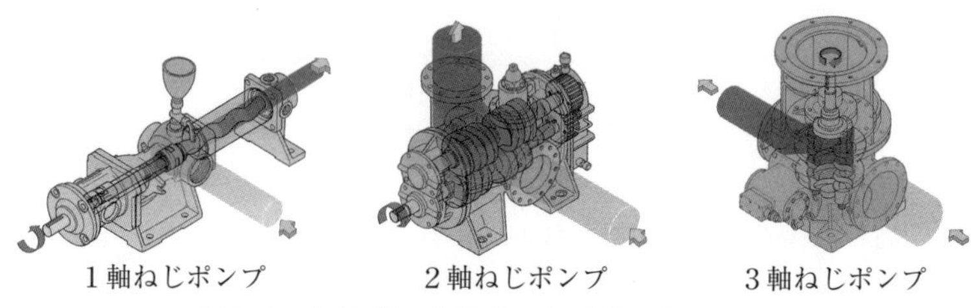

図7.17 ねじポンプ［提供：大晃機械工業株式会社］

(3) すべり羽根ポンプ・ロータリーベーンポンプ

ケーシング内に偏心状態で置かれたロータを持ち，ロータに半径方向に溝を設け，そこにすべり羽根（ベーン）が挿入されている。ロータを回転させると，遠心力またはばねの力によって，ケーシングに沿って羽根が溝に出入りする。このときの容積変化を利用して液体を移送する。船舶では油圧ポンプとして使用され，定容量形と可変容量形がある。図7.18にすべり羽根ポンプを示す。

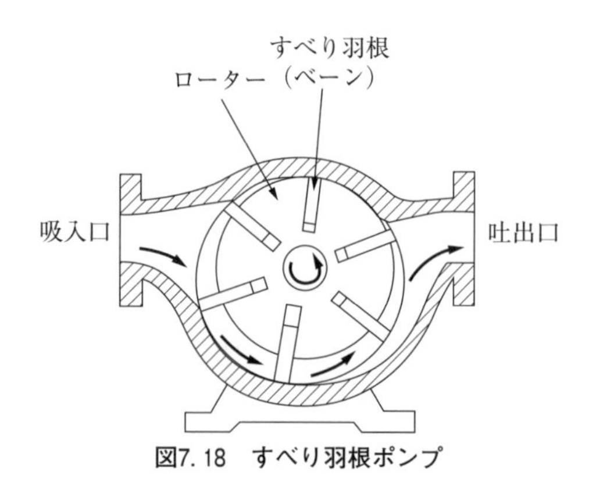

図7.18 すべり羽根ポンプ

7.6.6　ポンプの運転

容積形ポンプはポンプ吸入弁と吐出弁を全開にして始動する。停止のときは，まずポンプを停止してから弁を閉める。遠心式ポンプではケーシング内に液体が満たされていない場合「呼び水」をしなければならない。その後，吸入弁を全開して始動し，ポンプ内の圧力を確認して徐々に吐出弁を開いていく。停止時は吐出弁を全閉にし，ポンプを停止し，吸入弁を閉鎖する。斜流ポンプや軸流ポンプは吐出弁を全開にして始動する。

吐出量を変更するには次の方法がある。

①　吐出弁開度による方法：主に遠心ポンプで採用

②　バイパス弁による方法：主に容積形ポンプで採用

③　駆動回転数を変更する方法：ポンプの種類を問わずポンプ効率が良いが，モータ駆動の場合はインバータを使用するため高価になる。

④　可変容量形ポンプの採用

があげられる。

7.6.7　ポンプの軸封（シール）装置

軸封装置はポンプの主軸がケーシングを貫通する部分から，内部の液体が外部に漏れることや，反対に外部の空気を吸い込むのを防止する。軸封装置にはグランドパッキンとメカニカルシールがある。現在船舶で使用するポンプにはメカニカルシールが一般的に使用される。図7.19にグランドパッキンとメカニカルシールを，表7.2にそれぞれの特徴について示す。

7.6.8　その他のポンプ

ここまで，非容積式ポンプ及び容積ポンプについて説明してきたが，いずれもモータなどの機械的駆動により揚程が得られるポンプである。その他のポンプとして，機械的可動部のない噴射ポンプや気泡ポンプなどがある。ここでは船舶においてよく使用されるジェットポンプについて説明する。

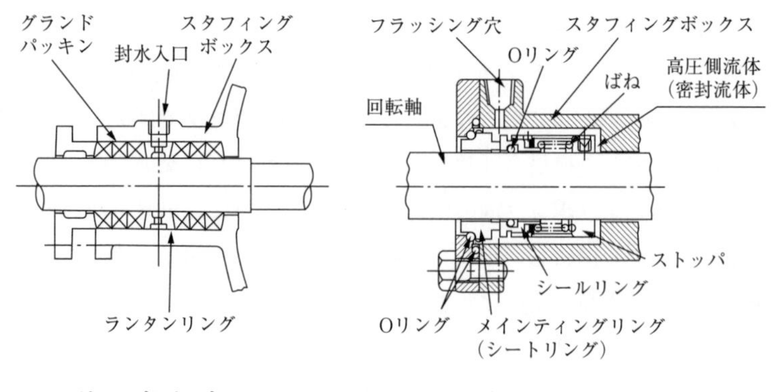

グランドパッキン　　メカニカルシール

図7. 19　グランドパッキンとメカニカルシール

表7. 2　グランドパッキンとメカニカルシールの特徴の比較

	グランドパッキン	メカニカルシール
構造	簡単	複雑
漏洩量	冷却・潤滑・密封を目的に意図的に漏洩させる	通常なし
寿命	短い	長い
軸・スリーブの摩耗	多い	ほとんど無い
取替え	ポンプの分解不要で簡単	ポンプの分解が必要
価格	安い	高価

(1)　噴射ポンプ（ジェットポンプ・エジェクタ（エゼクタ）・エダクタ）

噴射ポンプは一般的にエジェクタ（エゼクタ）と呼ばれている。流体が絞り部を通過するとき，流体の流れの速さが増すと圧力が下がるベンチェリー効果を利用して，液体を吸引するポンプである。駆動流体が気体によるものをエジェクタ，液体によるものをエダクタと使い分けていう。船ではビルジ吸引や真空ポンプに使用される。図7. 20にジェットポンプを示す。

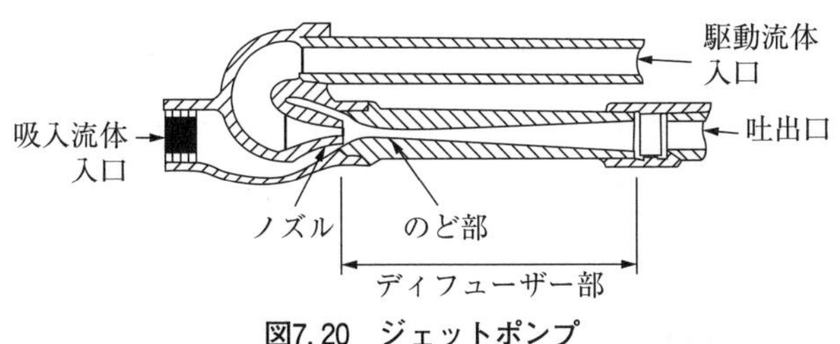

図7.20　ジェットポンプ

7.7　熱交換器

熱交換器は熱機関を冷却した際に高温になった冷却清水や潤滑油の冷却や，蒸気や熱媒油，高温水などを使って燃料油や空調の暖房用として加熱する際に熱のやりとりをする。高温のものを低温にするものを冷却器，低温のものを高温にするものを加熱器と呼ぶ。船舶では，円筒多管式(シェルアンドチューブ)熱交換器とプレート式熱交換器が一般的に使用されている。図7.21に円筒多管式熱交換器を，図7.22にプレート式熱交換器を示す。

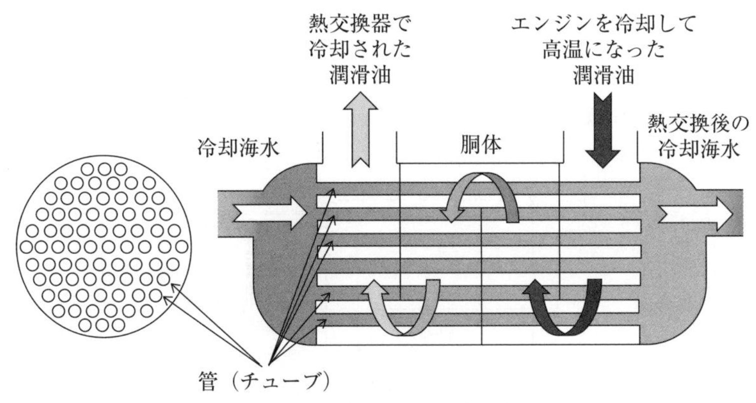

図7.21　円筒多管式熱交換器

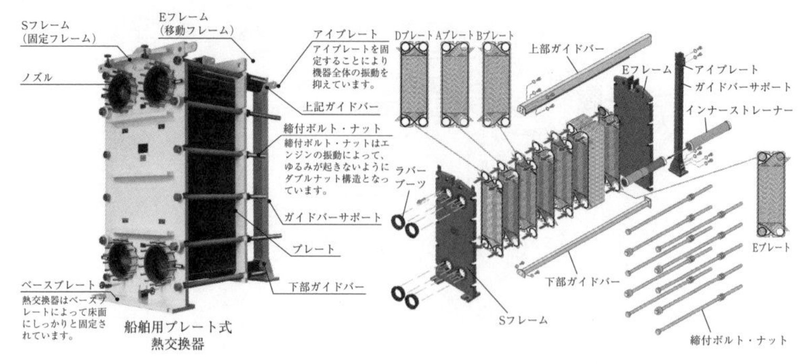

図7.22 プレート式熱交換器［提供：株式会社日阪製作所］

7.8 造水装置

船内の清水には限りがあるため，長期間航行する船舶では海水から淡水をつくる必要がでてくる。造水装置は海水から淡水をつくりだす装置で，蒸発式と逆浸透式がある。蒸発式は海水を蒸発させ，それを冷却することにより淡水を取り出す。蒸発式には，ディーゼル機関のジャケット冷却清水の廃水を加熱管に通して海水を真空中で加熱する浸管式と，蒸気により加熱された海水を真空中に噴出して蒸発させるフラッシュ式がある。浸管式の加熱源であるジャケッ

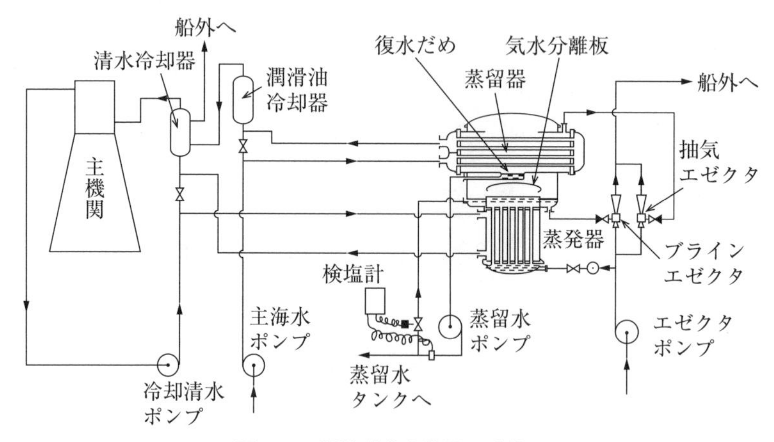

図7.23 浸管式造水装置の系統図

ト冷却清水は80℃程度であるが，造水装置内を真空にすることにより沸点を下げて海水を蒸発させている。これは，高い山の上で飯盒炊飯をしたとき，100℃に達する前に沸騰してしまい上手にお米が炊けない現象を上手に利用している例になる。真空にするために抽気エゼクタまたは真空ポンプを用いる。逆浸透式は海水を水の分子だけを透過し，塩分を通さない性質をもっている逆浸透膜でろ過する方法である。図7.23に浸管式造水装置の系統図を，図7.24に逆浸透膜式造水装置の原理を示す。

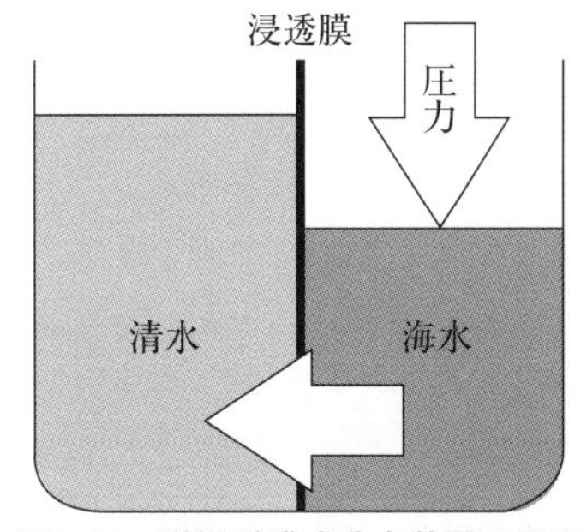

図7.24　逆浸透膜式造水装置の原理

7.9　送風機・圧縮機

液体に圧力を加え移送するものをポンプと呼んだが，気体に圧力を加え移送するものを送風機（ファン，ブロワ）や圧縮機（コンプレッサ）と呼ぶ。圧力の上昇が10kPa以下のものをファン（fan），圧力の上昇が10kPa～100kPaのものをブロワ（blower），圧力の上昇が100［kPa］以上のものを圧縮機（compressor）と分類している。送風機および圧縮機の種類は，容積形とターボ形に大別され，容積形には往復式，スクリュー式，スクロール式，ロータリーベーン式などが，ターボ形には軸流式及び遠心式などがあるが，船用の空気圧縮機には往復式が一般的に使用されている。圧力2.5MPa～3.0MPaの始動空気によりディーゼル主機関を始動する。また，0.7MPa程度の制御空気を使って主機の操縦やボイラの燃焼制御，温度調整，圧力調整，液面検出などを行う。その他，セメントなどの粉体輸送に使用する圧送用，汽笛やエアツールを動かしたり，圧縮空気を使って埃を吹き飛ばしたりするための雑用空気としても使用される。船用の送風機は船内の換気ファンや大型２サイクル機関の給気用の補助ブロワなどがある。

ポンプ，送風機，圧縮機などの流体機械を，低流量域で運転するとき，管内の圧力・流量が周期的に変動し，振動が激しく運転が不安定になるサージングを発生させる恐れがある。サージングがおこると，使用場所によっては大きな事故につながる可能性がある。サージングの防止には，①羽根の形状を変更，②流量や回転数の変更，③管路抵抗の減少などの方法をとる必要がある。

7.10 油清浄装置

燃料油や潤滑油の不純物の除去を目的に清浄する。油清浄装置として遠心油清浄機がある。これは，高速回転させることにより遠心力を与え油，水，不純物の密度差を利用して分離する装置である。図7.25に遠心油清浄機を示す。

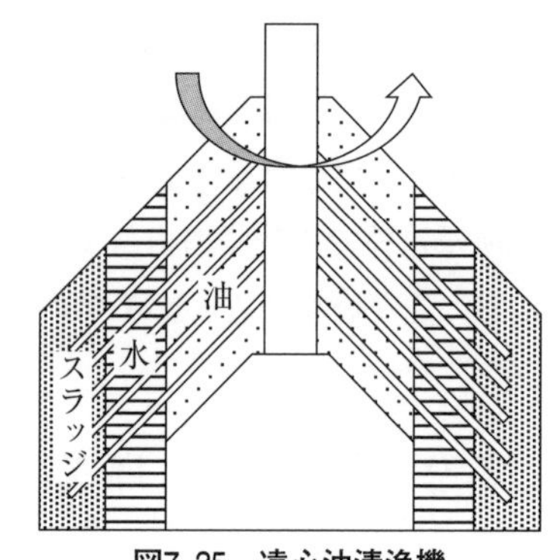

図7.25 遠心油清浄機

7.11 ビルジ処理装置

ビルジ処理装置として油水分離器があげられる。ビルジとは船底に溜まった油と水の混合物でありそのまま海に排出することはできない。ビルジの排出基準は海洋汚染等及び海上災害の防止に関する法律施行令により15ppm以下にすることが定められおり，油水分離器で油と水に分離する。船舶に搭載される一般的な油水分離器はコアレッサと呼ばれるフィルターを通すことにより油粒を大きくした後，水と油の比重差を利用して分離させる。油水分離器にビルジを送る際にビルジが攪拌されるとエマルジョン化して分離が困難になるため，ビルジポンプにはピストンポンプや１軸ねじポンプが使用される。図7.26に油水分離器を示す。

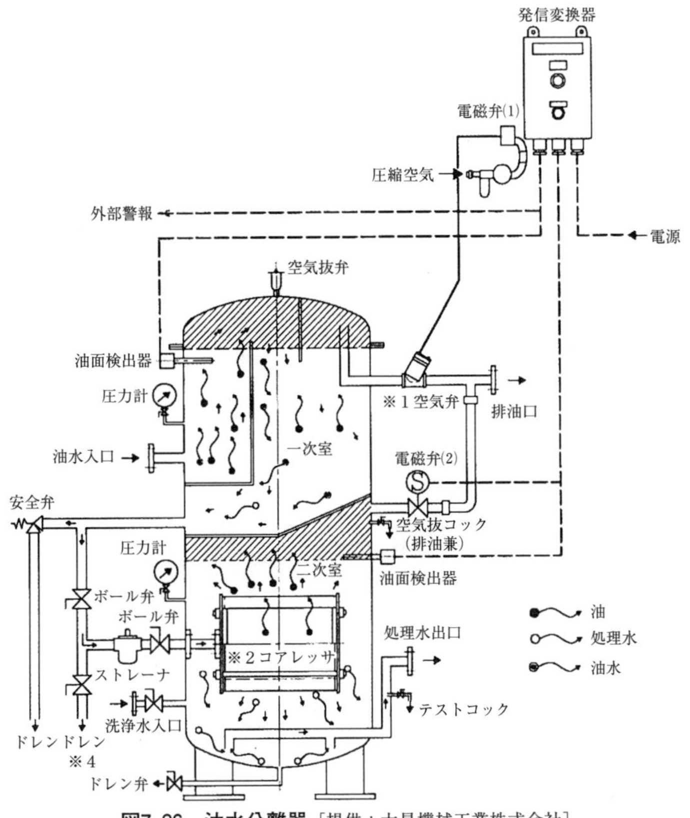

図7.26　油水分離器［提供：大晃機械工業株式会社］

7.12　汚水処理装置

船内で発生したふん尿等の汚水は，規制に沿って排出する必要がある。国際航海に従事する，総トン数400トン以上及び最大搭載人員16人以上の船舶は汚水処理装置の設置が義務づけられている。舶用で最も一般的な汚水処理装置として，曝気式汚水処理装置が使用されている。これは，好気性微生物（バクテリア）の作用により，二酸化炭素と水に分解し，その後，塩素と紫外線で消毒して海に排出する。図7.27に汚水処理装置を示す。

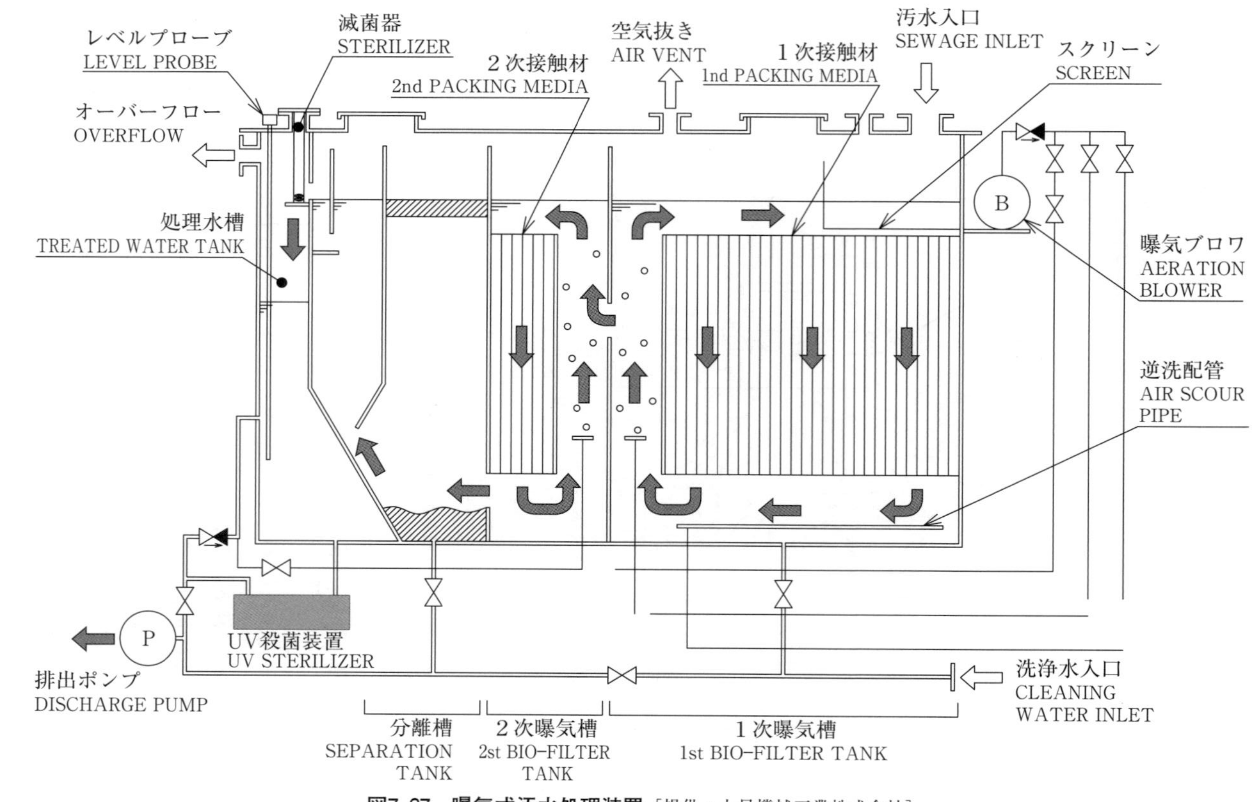

図7.27 曝気式汚水処理装置 [提供：大晃機械工業株式会社]

7.13　海洋生物付着防止装置

海洋生物付着防止装置（MGPS：Marine Growth Prevention System）は，藻類や貝類（フジツボ，ムラサキ貝等）などの海洋生物の付着の抑制を目的として，海水を電気分解することにより銅イオンや次亜塩素酸ソーダを生成し海水系統へ注入する電極形と，海洋生物の付着を抑制する薬液を海水系統へ注入する薬液形がある。

7.14　タンカーの防爆装置

タンカーの防爆装置としてイナートガスシステムがある。イナートガスシステムは，原油タンカー，プロダクトタンカー，ケミカルタンカーなどのカーゴ（貨物）タンク内に存在する可燃性ガスが引火爆発することを防止するために，酸素濃度を低下させる目的で不活性ガスを供給する防爆装置である。不活性ガスをつくる方法として，小容量のものでは，軽油やA重油を単独で燃焼させる方法や，大気中から窒素を分離する方法などがある。大容量のものは油炊きボイラの排気ガスを酸素濃度5％以下にして利用する。ディーゼル機関の排ガスを利用しない理由として，ディーゼル機関では燃焼に際し過剰の空気を給気するため，排気ガス中の酸素含有量が多くなるので使用しない。ボイラの排気ガスには，すすや硫黄分などの不純物が含まれるため，スクラバで海水により洗い落とすと共に冷却し，デミスタで水分を除去する。次に，ファンによりデッキウォーターシール装置と逆止弁を介してカーゴタンクに送る。デッキウォーターシール装置はカーゴタンク内の可燃性ガスが機関室へ逆流する目的で設ける。図7.28に油炊きボイラを利用したイナートガスシステムについて示す。

7.15　管装置

管装置は清水，海水，潤滑油，燃料油，空気，蒸気，排気ガス，ビルジなど

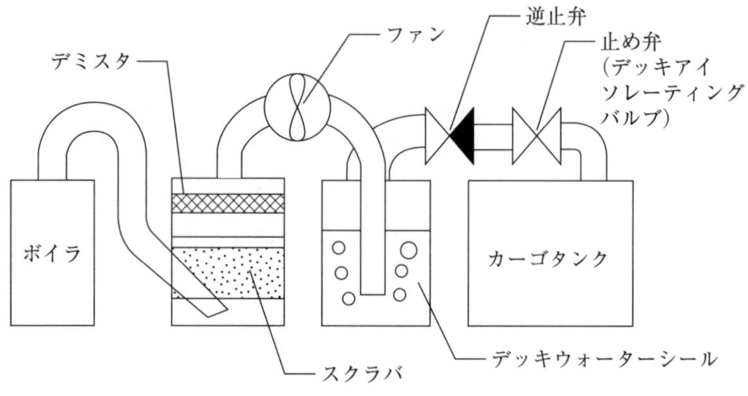

図7.28　イナートガスシステム

機器の運転や船の運航に必要なものを輸送する管で，人間にたとえれば血管に相当する。管の内部を海水が流れれば海水管，燃料油が流れれば燃料油管というように，流れる液体の種類により呼び方が変わる。機関室内の管装置は流体ごとに分けて図面にされる。その図面のことを配管図といい，この図面を見れば管の直径，弁の種類，ポンプの容量，ポンプとパイプの接続，流体の流れの方向など必要な情報を得ることができる。ただし，ポンプや弁の配置は図面と実際とでは大きく異なるので，乗船したら自分の目で配置を確認することが大事である。

■演　習　問　題■

7.1　電動油圧システムの特長をあげよ。

7.2　操舵装置を構成する4要素の名称と役目をそれぞれ記せ。

7.3　ガス圧縮式冷凍装置を構成する主要部4つを説明せよ。

7.4　うず巻ポンプの各部の名称について答えよ。

7.5　ポンプの吐出量の変更方法をあげよ。

7.6　船舶で採用される熱交換器を上げよ。

7.7　蒸発式造水装置の熱源には主に何が利用されているか。

7.8　サージングについて説明せよ。

7.9　ビルジポンプにはどのような種類のポンプが使用されるか。また，その理由は何か。

7.10　イナートガスにディーゼル機関の排気ガスを利用しない理由はなにか。

第８章　燃料油と潤滑油

8.1　燃料油

機関を動かすエネルギの元になるものを燃料と言う。現在，ほとんどの船で燃料として油を使用し，燃料油とよばれている。燃料油にはガソリン，灯油，軽油，重油があり機関の種類によって使用する燃料油が異なる。たとえばガソリンは火花点火機関，灯油はジェットエンジン，軽油は小型高速ディーゼル機関，重油は大型低速ディーゼル機関や舶用ボイラに使用される。

8.1.1　船舶で使用される燃料油

船舶ではほとんどが主機および発電機としてディーゼルエンジンを採用しているので燃料油として重油が使用される。重油は動粘度によって３種類に分類され，１種をＡ重油，２種をＢ重油，３種をＣ重油と呼ぶ。表8.1に各種重油の性状を示す。2020年のマルポール条約の改定により，燃料中に含まれる硫黄分の規制値が3.5質量％以下から0.5質量％以下と厳しくなり，船舶では硫黄分

表8.1　JIS K 2205重油性状

種類		反応	引火点［℃］	動粘度［mm^2/s(50℃)］	流動点［℃］	残留炭素［質量％］	水分［容積％］	灰分［質量％］	硫黄分［質量％］
１種	１号	中性	60以上	20以下	５以下	４以下	0.3以下	0.05以下	0.5以下
	２号	中性	60以上	20以下	５以下	４以下	0.3以下	0.05以下	2.0以下
２種		中性	60以上	50以下	10以下	８以下	0.4以下	0.05以下	3.0以下
３種	１号	中性	70以上	250以下	—	—	0.5以下	0.1以下	3.5以下
	２号	中性	70以上	400以下	—	—	0.6以下	0.1以下	—
	３号	中性	70以上	400を超え1000以下	—	—	2.0以下	—	—

表8.2　硫黄分濃度による重油の分類（HS：High Sulfer，LS：Low Sulfer）

重油名称	硫黄分濃度 ［質量％］	備　　　考
LSA重油	0.1以下	主にECAで使用。
LSC重油	0.5以下	新規規制適合油。
HSA重油	2.0以下	JIS1種2号 スクラバを装備する場合使用可能。
HSC重油	3.5以下	JIS3種1号 スクラバを装備する場合使用可能。

の濃度が0.5質量％以下の燃料油の使用，もしくは排ガス洗浄装置（スクラバ）の装備が必要となった。表8.2は硫黄分濃度に応じた重油の分類を示す。2020年以降，スクラバを装備していない船舶では，規制に適合した燃料油として硫黄分の濃度が0.5質量％以下のLSC重油（Low Sulfer C Fuel Oil）が使用されている。また，北米沿岸や北海，バルト海などの大気汚染物質排出規制海域（ECA）ではさらに厳しい規制（硫黄分濃度0.1質量％以下）が適用されている。

8.1.2　ディーゼル燃料油の一般的性質

ディーゼル燃料油を化学的に分析した結果を表示することによって，その燃料油が使用目的に合ったものか，また輸送や貯蔵などの取り扱い面のことも判断できる。一般的に用いられるディーゼル燃料油の性質には次のようなものがある。

(1)　粘度

粘度はディーゼル燃料油の性質の中で重要なもののひとつで，次のようなことに影響を及ぼす。

①　ポンプ送油の難易度

②　噴射圧力の大小

③　霧化効率の良否

④　燃焼の良否

⑵　比重・密度

一般に比重が小さいほど着火性がよい。

⑶　引火点

引火点は油の取り扱い上，引火火災に対する安全性を示す目安となる。

⑷　発熱量

機関の効率測定のために用いられる数値で，含有する成分によって変わる。低位発熱量と高位発熱量があるが，ふつうは低位発熱量が用いられ41,870～46,055kJ位が標準である。

⑸　流動点，凝固点

油を動揺させないで一定条件下で冷却したとき油の流動する最低温度を流動点といい，流動性をまったく失う温度を凝固点という。

⑹　残留炭素

燃料油が燃焼した後に残る炭素分で，燃料油の霧化に影響し，シリンダ内の汚損，諸弁の固着と不完全燃焼の原因となる。結果として発生馬力の減少，燃料消費の増大をきたす。

⑺　灰分

灰分はシリンダライナや給排気弁の磨耗の原因となる。燃料油中の珪素，鉄，アルミなどの酸化物やその他の不燃物である。

⑻　水分

燃料油中の水分は燃焼時に気化潜熱を奪って発熱量を低下させる。多量に含まれるときは燃焼を阻害する。

⑼　硫黄分

燃料中の硫黄分は燃焼発熱するが燃焼の結果として，亜硫酸ガス，無水硫酸，硫酸を発生し燃焼ガス通路などに腐食を発生させる。燃料中の硫黄分の燃焼生成物によって起こる腐食を低温腐食という。

⑽　アスファルト分

燃料油中に含まれる高粘ちょう物質（粘り気が大きい物質）のことで，低質な重油ほど含有量が多く，高粘度となる。アスファルト分が多いと燃料弁の閉塞，シリンダ内の汚損や燃焼不良の原因となる。

8.1.3　C重油使用時の注意点

現在の舶用燃料油の多くは石油精製装置から出る残渣油に軽質油を混合することによって粘度調整されて出荷され，粘度により燃料油が格付けされている。一般に大型船舶では燃料費節約のため低質燃料油（C重油）が使用されている。C重油には硫黄分や不純物が多く，高粘度で流動性も悪いため使用する際は下記のような注意が必要である。

① C重油はそのままでは粘度が高すぎて燃焼に必要なよい噴霧が得られないため加熱の必要がある。

② 不純物を多く含むため，使用前に清浄機やフィルターで取り除く必要がある。

③ 重油中の硫黄分による低温腐食は排気ガス温度が120℃程度で生じるため，排気ガス温度の最も低下するエコノマイザや空気予熱器の排ガス出口温度に注意が必要である。

④ C重油は着火性が悪く，機関始動時の使用は望ましくない。また，機関停止時についても，燃料噴射管や燃料系統配管内に残ったC重油が油温低下により流動性を失い，次回の始動が困難となる。よって，出入港時にはA重油に切り替えて系統内に残るC重油を洗っておく必要がある。

⑤ 異なる種類の重油を混合するとスラッジ発生の原因となる。組成や製油方法の異なる重油を補給する際はタンク内に残った重油との混合を避けるために，残油量の管理に注意が必要である。

8.1.4　燃料油の貯蔵と消費

(1)　燃料油の貯蔵

石油製品の貯蔵にはガス爆発や火災防止に対する注意が特に大切であって，そのためには油の性状を確認し危険に対する十分な管理を行わなければならない。燃料油タンクは可燃性ガスを排出するためのガス抜き管が備えられており，一般にタンク上部から上甲板に伸ばした管より大気に放出される。ガス抜き管付近では特に防火に対して注意が必要である。

⑵　油の流れ

燃料油は船体付の燃料油貯蔵タンク（主として二重底タンク，船によってはディープタンクなど）に貯蔵され，使用される前に燃料油移送ポンプによって機関室内のセットリングタンクに自動で送られ加熱，一部の不純物（水，スラッジ分）を沈殿させて底部のドレインコックから燃料油と不純物の混合物（ドレイン）を取り出す。取り出したドレインは他のタンクに一時保存され，時々清浄機により清浄して不純物を取り除いた燃料油はセットリングタンクに戻して使用する。

セットリングタンクで加熱された燃料油は清浄機用の加熱器により再加熱されて清浄機に入り，遠心分離により不純物を除去した後サービスタンクに送られる。サービスタンクの燃料油はエアーセパレータ（空気分離器）を通って燃料供給ポンプにより主機関の燃料噴射ポンプに送られ，燃料弁によってシリンダに噴射されて爆発燃焼する。噴射されなかった燃料油はエアーセパレータに戻されて循環し，噴射によって減少した量がサービスタンクからエアーセパレータに供給される。発電機の燃料油も別のエアーセパレータを用いて同じような系統で消費される。

ボイラは燃料中に少々の不純物があっても燃焼に問題がないのでセットリングタンクの清浄していない燃料油を使用するのが一般的である。清浄機の清浄能力は主機の常用出力時の燃料消費量よりもやや多めにしてサービスタンクで余った燃料油はオーバーフローしてセットリングタンクに戻るようにしている。清浄機は普通Ｃ重油用に２台，Ａ重油用に１台設置しているが通常は１台を運転し燃料油の不純物が多いときには２台並列運転を行う。

Ａ重油は消費量が少ないので貯蔵タンクからＡ重油サービスタンクに汲み上げるときだけ清浄機を運転するのが普通である。図8.1に大型船における燃料油の流れを示す。

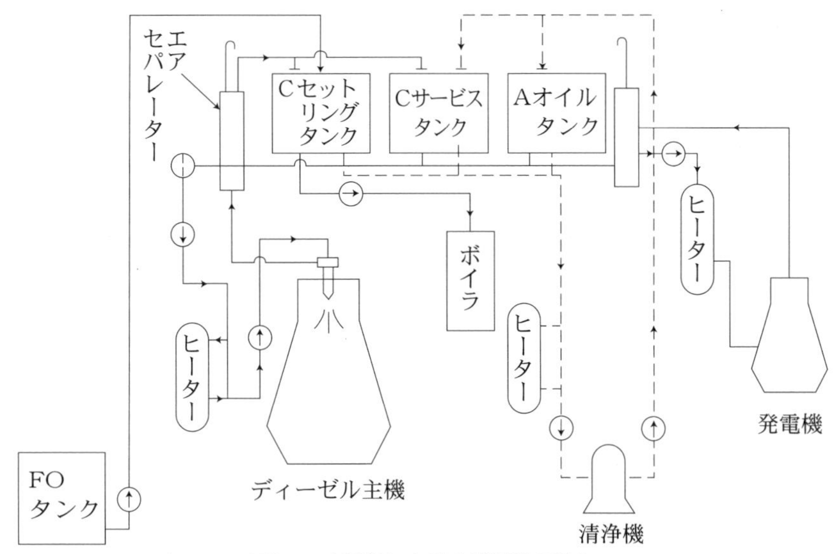

図8.1　大型船における燃料油の流れ

8.2　潤滑油

機関を運転するにはエネルギ源としての燃料油のほかに機関を円滑に運転するために軸受，歯車，シリンダなどの摩擦部分を潤滑するための油が必要である。機関の摩擦部分の潤滑に用いられる油を潤滑油といい使用目的によりいろいろな種類の潤滑油が用いられる。

8.2.1　潤滑油の使用目的

潤滑油の目的には次のようなものがある。

(1)　減摩

機械の接触面の摩擦を減少させることにより動力の消費を最小限にし機械効率を高めるとともに摩擦熱の発生を減少し，焼き付き，破損などの障害を防止する。

⑵　冷却

摩擦面で発生する摩擦熱を吸収して他の場所へ運搬する仕事，すなわち，冷却作用を行う。

⑶　応力の分散

点または線接触を行う摩擦面，たとえば，ボールベアリング，ローラーベアリング，歯車などの場合その接触点には非常に大きな圧力がかかり金属内部に大きな応力が発生する。潤滑油は圧力の伝導面積を拡大し，単位面積あたりの発生応力を軽減させる。

⑷　密封

潤滑油は油膜を形成して減摩を行うと同時に，ピストンリング，Oリングなどを助けて密封作用を行い，空気，ガスなどの漏洩を防ぐ。内燃機関，空気圧縮機のピストンとシリンダとの間の密封はこの代表的な例である。

⑸　清浄

鉱山，セメント工場，化学肥料工場などのように粉塵の多い環境下の機械はその粉塵により軸受け部分の焼き付きの故障を起こしやすい。粉塵を潤滑油で洗い流すことにより故障を防止することができる。

⑹　錆止め

金属面を油膜で覆うことにより，空気と金属との接触を妨げて酸化を防ぐ。潤滑油が使用される場所ではほとんどすべてこの作用が利用されている。ボールベアリング，ローラーベアリングにグリースを使用したり，切削作業に切削油を使用するときもこの錆止め効果は特に重要な作用となる。

8.2.2　潤滑油の性状

潤滑油はその使用目的によって異なる性状が要求されるが，一般的に用いられる性状を上げると次のようなものがある。

⑴　油性

油性とは潤滑油の油膜形成力と考えてよい。油膜が厚い潤滑状態では，摩擦係数は油の粘度に比例して増減するが，油膜がごく薄い潤滑状態ではこの法則が成立しなくなる。この粘度に関する以外の油の性質がすなわち油性である。油性の大きい油ほど金属面に強く吸着され，破れにくい安定な油膜を形成する。一般に固体表面への吸着膜を形成するために潤滑油には油性向上剤が添加される。

⑵　粘度

潤滑油の粘度は最も重要な性質の一つである。油が減摩効果をあらわすのは摩擦面間に油膜を形成し，２面間を直接接触状態から油膜を介した非接触状態に変えるためである。油膜はその粘性によって生じる動力学的な圧力によって２面間の荷重を支える。したがって，完全な油膜を保持するにはある程度高い粘度が必要となる。一方で粘度が高すぎる場合，粘性抵抗の増加や発熱の原因となるため，油膜の圧力により荷重を支持できる範囲内で潤滑油の粘度はできるだけ低いことが望ましい。

⑶　引火点

潤滑油は加熱すると気化して可燃性の蒸気を発生する，この可燃性蒸気に火炎を近づけたとき瞬時的に閃光を発して燃焼を起こす最低の温度を引火点という。一般に引火点は引火の危険性を示し，また油の蒸発性とも密接な関係を持つもので潤滑油中に存在する軽質分の多少を知る目安となる。すなわち，引火点が極端に低い潤滑油は軽質分（燃料油）混入の証拠となる。

⑷　流動点，凝固点

油を動揺させないで一定条件下で冷却したとき，油の流動する最低温度を流動点といい，流動性をまったく失う温度を凝固点という。冷凍機用潤滑油あるいは寒冷地で用いられる潤滑油にとっては流動点が非常に重要な性質である。

⑸　灰分

灰分とは油中の不燃性物質であって，空気中の塵埃，酸化鉄，磨耗した金属粉などであり，新しい純鉱油にはほとんど含まれない。しかし，鉛化合物を含むギアーオイル，清浄剤添加油は金属化合物を含むため灰分含有を示す。

⑹　酸化安定性

潤滑油は使用していくうちに空気中の酸素と化合して，いわゆる酸化して劣化していく。酸化しにくい油を酸化安定性が高い油という。

⑺　乳化度

蒸気タービンに使用されるタービン油は運転中に蒸気または水と接触する恐れがあり，また冷凍機の冷凍機油も冷媒との接触は避けられない。潤滑油に水分が混入し乳化すれば，潤滑性が低下するばかりでなく，油中にスラッジを生じ，そのスラッジはさらに熱の作用により不溶解性のものに変化して摩擦を増加し，また時にはパイプを閉塞する原因となる。潤滑油には水と混合しても乳化せず，また一時乳化しても静置すれば速やかに水を油から分離する性質が要求される。

⑻　全酸価，全塩基価

よく精製された潤滑油は，無機酸および有機酸をほとんど含有しない。しかし，潤滑油が使用中酸化され酸度が上昇して劣化する。潤滑油の酸度を知ることは潤滑油の良否を判断する基礎となる。全塩基価は清浄分散剤の入った潤滑油に対し，その効果の程度と使用限度を知るための目安となる。

8.2.3　潤滑油の選択

潤滑油は潤滑すべき摩擦面が平軸受，ボールベアリング，ローラーベアリング，歯車，またはシリンダなどによって選定する種類が異なる。潤滑部分の運転条件によっても選定の基準が異なる。次のような事柄が選定の条件となる。

①　軸の大きさ

②　運転速度

③　荷重

④　運転温度

⑤　その他の条件

潤滑油の選択には，このほか摩擦面の仕上げ精度，運動状態，また，ほこりや有害ガス，水や他の液体など潤滑油に影響する周りの環境なども考慮に入れる必要がある。

8.2.4　給油方法

潤滑部分に潤滑油を送り込む方法，すなわち，給油方法は潤滑の場所，目的，および潤滑油の種類により種々あるが，大きく二つに分けることができる。

(1)　全損式

使用した油は全部損失となる方法で，手差し式，滴下式，グリースカップ，シリンダオイルの強制注油，切削油などがその例である。

(2)　反復使用式

使用した油が回収され，繰り返し使用される方法で，油環式（軸受け下部の油だまりから軸付属の環の回転によって給油する方法），油浴式（潤滑部分を潤滑油の中に浸漬した状態にする方法），循環式（ポンプまたは重力により潤滑油タンクから潤滑部分に送り循環させて給油する方法），飛沫式（クランクなど機械の運動部分を，油だまりに接触させて飛沫を作って給油する方法）などがその例である。

8.2.5　舶用潤滑油の色々

船舶では主機関をはじめとして種々の機械類が装備されて使用されている。それぞれの機械は使用目的，運転条件が異なり，それに使用される潤滑油もそれぞれの機械に合ったものを使用する必要がある。ここでは各機械別に使用される潤滑油について概略を述べる。

(1)　ディーゼルエンジン主機関

クロスヘッド大型低速ディーゼルエンジンを主機関とする船の潤滑油の流れの代表的なものを図8.2に示す。

大型ディーゼルエンジンの潤滑油は，システム油系と，シリンダ油系に大別することができる。システム油系はさらにディーゼル主機の軸受などの潤滑，スタンチューブの潤滑，ピストンの冷却などを行う系統と，燃料油が混入しやすいので別系統としたカム軸系統，およびタービン油を使用する過給機系の三系統に分けられるのが普通である。シリンダ油系のシリンダ油は，シリンダとピストン間の潤滑のために各シリンダの上部に，リューブリケータによって強

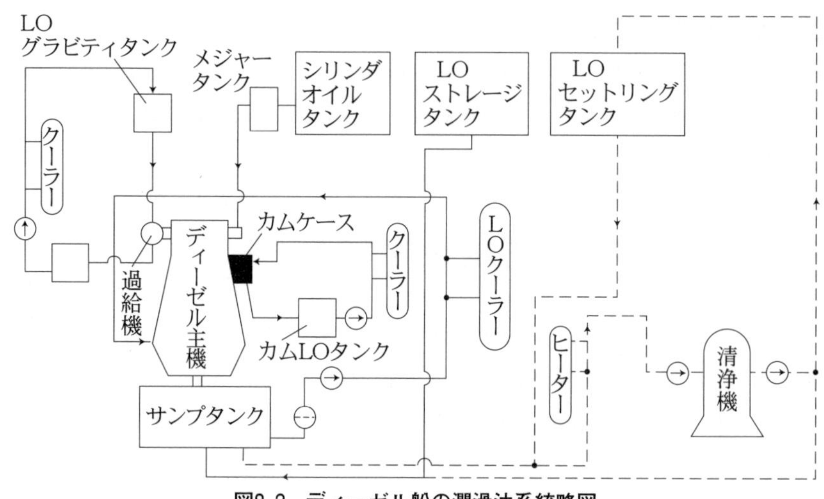

図8.2 ディーゼル船の潤滑油系統略図

制的に注入され，潤滑後，燃料油とともに燃焼する。

システム油は，主機直結または電動の潤滑油ポンプにより，主機下部に設けられたLOサンプタンクから吸い上げ，ストレーナーを通した後，LOクーラーに送られる。このLOクーラーで一定温度に冷却された後，主機関に入り各軸受，クロスヘッド，ピストンなどを潤滑冷却しクランクケース下部にたまった後，サンプタンクに戻る。カム軸系統は，カム軸LOタンク→ポンプ→クーラー→カムケース→カム軸LOタンクと循環する。過給機軸受の潤滑も大型船では別系統で強制潤滑を行う。過給機は非常に高速で回転しているので，瞬時の油切れも軸受焼損などの重大な事故につながるので，重力タンクを設けて停電などによりポンプが停止しても数分間は過給機に潤滑油を供給し続けられるようになっている。大量に使用されているシステム油は清浄機により，LOサンプタンク→ヒーター→清浄機→サンプタンクと循環清浄を行い，汚れや不純物を取り除いて繰り返し長時間使用し，減少した分だけ新油を補給する。

(2) ディーゼル発電機

船舶用ディーゼル発電機関は主としてトランクピストン型のディーゼル機関が採用されているため，軸受用潤滑油をシリンダ油に兼用しているものが多い。そのため，色々な添加剤を加えてシステム油とシリンダ油の両方の性質を兼ね備えた潤滑油を使用する。また，発電機は回転数が高く，燃焼生成物が混入しやすい過酷な潤滑条件であるため，潤滑油の劣化が早い。そのため発電機専用の清浄機を用いて，サンプタンク→オーバーフロータンク→清浄機→サンプタンクの経路で常時，側流清浄する。また，少なくとも2,000時間ごとに発電機を切り替えて，サンプタンクの全潤滑油をセットリングタンクに汲み上げて循環清浄により不純物を除去する必要がある。

⑶　蒸気タービン油

蒸気タービンは極めて回転数が高く，また減速ギアーは過大な荷重を受けるので各軸受ならびに減速歯車に強制的に注油を行う。船用タービンでは軸受と減速歯車の潤滑に同一の潤滑油を使用しているが，本来歯車には高粘度油が適し，高速軸受には低粘度油が適しているのでこの相反する性状を満足する潤滑油を使用する必要がある。また，タービン油は水との分離性のよいものが要求され，抗乳化性が特に重要視される。これは軸受のグランドに蒸気が使用される関係上，水分が潤滑油に混入する可能性が高いからである。図8.3は蒸気タービンの潤滑油系統の一般的なものである。蒸気タービンでは瞬時の油切れも軸受焼損などの重大な事故につながるので，重力タンクを設けて停電などによりポンプが停止しても数分間はタービン軸受，減速歯車およびスラスト軸受に潤滑油を供給し続けられるようになっている。すなわち，LOサンプタンク→ストレーナ→LOポンプ→クーラー→重力タンク→各軸受および減速歯車→LOサンプタンクの順路で循環している。

⑷　作動油

油圧装置の動力の伝達媒体として使用される油を作動油といい，舵取り機，油圧ウインチ，油圧ウインドラス，遠隔開閉バルブ，可変ピッチプロペラなどさまざまの機器に用いられている。作動油は油圧機器の構造，運転条件にあった油を使用しなければならない。使用中の作動油は，定期的に性状の試験を行い，試験結果が許容値を超えている場合は新油との交換をしなければならない。

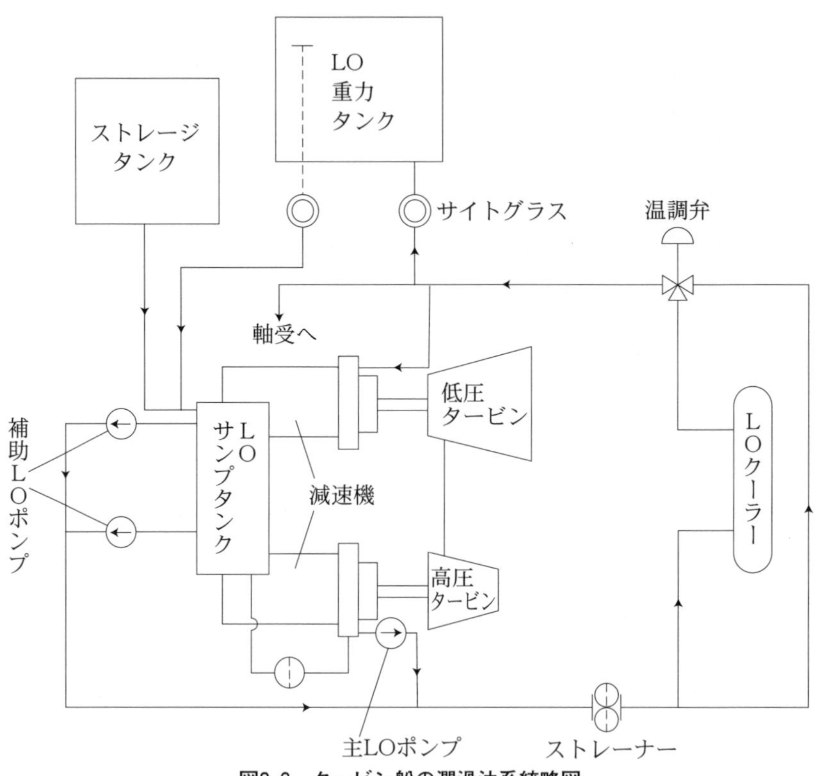

図8.3　タービン船の潤滑油系統略図

(5)　冷凍機油

冷凍機の内部潤滑に使用される潤滑油である。冷凍機の特徴として，冷媒圧縮時には高温となり，冷媒が気化膨張する時には低温となる。冷凍機油も冷媒とともに循環し，高温から低温まで変化するので高温下でも変質せず，低温流動性に優れ，引火点が高く，それぞれの冷媒との分離性が優れた潤滑油でなければならない。

(6)　コンプレッサー油

空気圧縮機に使用する潤滑油で，各軸受を潤滑する外部油とシリンダに注油する内部油に分けられるが，普通は同じ潤滑油を使用する。空気は圧縮により高温となるのでシリンダ内に入る内部油はピストンリングおよび給吐出弁の焼きつき，固着，または炭化物の堆積を防ぐために熱安定性，酸化安定性がよく，残留炭素の少ないものでなければならない。また，外部油の条件としては空気中の水分による乳化に対して抗乳化性の高い必要がある。

(7)　グリース

グリースとは潤滑油と金属石けんの混合物で，常温ではペースト状のものである。グリースは摩擦金属面に対し吸着力が強く耐荷重性が大きくなるので衝撃荷重を受ける場所，高荷重ギアー，断続的な運転装置の軸受に用いられる。また，ペースト状なので液状潤滑油では漏れ出して潤滑しにくい場所に広く使用されている。たとえば，電動機，ポンプ，ファンなどのベアリング，甲板機械の軸受，歯車やワイヤーロープその他至る所に使用されている。しかし，潤滑中の抵抗が大きくて放熱性が悪いので潤滑油に比べて温度上昇しやすい欠点がある。グリースは混合する潤滑油と石けん基の種類により軟らかいものから硬いもの，耐熱性のもの，耐水性のものなど様々な種類のものがあり，使用目的により選定する。

8.2.6　潤滑油の管理

(1)　潤滑油の貯蔵と補給

潤滑油（シリンダ油をのぞく）は燃料油と違ってその船が就航する時点で使用する潤滑油メーカーと銘柄が決められ，売船などよほどの理由がない限り変わることはない。しかし，外国でそのメーカーの潤滑油が入手できないときはその銘柄に合致した他メーカーのものを積み込む場合もある。

潤滑油の貯蔵は，貯蔵タンク，ドラム缶，およびペール缶で行われている。すなわち，システム油，シリンダ油，発電機油，タービン油，作動油など比較的使用量が多い潤滑油は機関室内あるいはその他の場所に設置された貯蔵タンクに貯蔵する。しかし，ギアー油，コンプレッサー油，冷凍機油，少量のタービン油，およびグリースなど比較的使用量の少ない潤滑油（雑油という）は20リットル入りのペール缶に入ったものを置き場所を決めて貯蔵しているが，その中でも量が比較的多いものは200リットル入りのドラム缶で貯蔵する場合もある。

補油は，その船の航海予定とタンク容量を考慮に入れ，積み地と補油銘柄および量を決定し注文する。

⑵　潤滑油の使用限度

潤滑油は，繰り返し使用しているうちに種々の原因により劣化していき，その潤滑油の性状がある一定の限度を超えると，使用機器の汚損，焼付き，磨耗の原因になるので潤滑油の清浄，再生，新換えにより各性状の値を制限値以内に保たなければならない。その油の各性状が使用限度内であるかどうかを知るために，定期的に使用潤滑油のサンプルを採り，陸上の試験機関に送って分析し，その分析結果を見て対処しなければならない。また，船内で簡易的に潤滑油の性状を知るには潤滑油簡易試験器での試験，専用のろ紙に点滴することによって試験するスポットテストなどを行っている。コンプレッサー油，冷凍機油，ギアー油などのように使用量が少ない物は分析せずに定期的に新しい潤滑油に取り替えたほうが経済的かつ効率的である。

■演　習　問　題■

8.1　C重油を使用する機関において，機関停止時やメンテナンス時に燃料油をA重油に切り換える理由はなにか。

8.2　流動点と凝固点の相違を説明せよ。

8.3　低温腐食とはなにか。

8.4　潤滑油の使用目的を記せ。

8.5　潤滑油の粘度は温度の上昇とともに上昇するかそれとも下降するか。

8.6　引火点とはなにか。

8.7　潤滑油の選定上考慮すべき事柄について述べよ。

8.8　油性とはどのようなものか。

8.9　重油中に含まれる灰分とはなにか。

解答　灰分とは油中に含有する不燃焼物質を総称するものである。

付　　録

実験レポートの書き方

レポート（報告書）は自分が行った実験，研究，調査，修理，会議などの内容を文章にまとめるものである。読む人が容易かつ正確に理解できるようなレポートを書かなくてはならない。そのためには，レポートの意図するところと読者を常に念頭に置きながら，論理的で文法的にも正しい簡潔明瞭な文章で書くことが要求される。

○レポートの構成と内容

(1)　題目（表紙）

実験題目名，報告者の学生証番号，学科，コース，氏名，組，実験年月日などを書く。

(2)　目的

テキストに書かれている目的を丸写ししてはいけない。何を理解し，どのような測定方法，技術を身につけようとするのかを自分なりにまとめて書く。

(3)　原理，理論

その実験装置や実験方法はどんな原理や理論に基づいているのか，どんなデータを取ろうとしているのかを説明する。テキストをよく読み，文献を参照して理解したうえで，自分なりの文章にまとめる。

(4)　実験装置

実験に使用した装置，測定器具，試料などについて説明する。必要に応じて図，表などを入れる。

(5)　実験方法

実験手順に従って項目ごとにまとめて簡潔に記述する。

(6)　結果（表，図，計算）

測定結果は表，図，実験式などで表す。

(7)　考察

・得られた実験結果，計算結果をなぞるだけでは考察ではない。
・情緒的な感想は考察ではない。論理的な考察をする。
・特異的な現象や傾向を見出した時には，その原因を推理し，追求する。
・実験式や定数などを算出し，理論式，参考文献，JISなどの数値と比較検討する。

(8)　結論

実験の目的と対応させながら箇条書きにする。

一番重要な結論は最初に書く。

(9)　参考文献

引用した文献の著者名，書誌名，出版元，巻・号(年)，ページなどを書く。

参考文献

川瀬好郎	船用機関学概論	海文堂出版
廣安博之ほか	内燃機関	コロナ社
長尾不二夫	内燃機関講義（上巻）	養賢堂
木脇充明ほか	船用ボイラ	海文堂出版
日本ボイラ協会編	ボイラ便覧	丸善
黒沢　誠	初等ディーゼル機関	成山堂書店
隈元　士	船用プロペラと軸系	成山堂書店
富岡　節ほか	新版船用補機	海文堂出版
小川　武	船用補助機械講義（上巻）	海文堂出版
中井　昇	船用機関システム管理	成山堂書店
日本マリンエンジニアリング学会	日本マリンエンジニアリング学会誌第39巻７・８合併号	
添田喬ほか	自動制御の講義と演習	日新出版株式会社
山本重彦ほか	PID制御の基礎と応用	朝倉書店
三原伊文	月刊「機関長コース」昭和57年11月号～昭和59年７月	海文堂出版
飯田正一ほか	機関科提要（中巻）	海文堂出版
相沢一男ほか	工業数理	実教出版
曽根健哉ほか	内燃機関設計法	朝倉書店
機関技術研究会	機関科図集	成山堂書店
山根幸造	ディーゼル機関の実際	海文堂出版
曽根健哉ほか	内燃機関設計法	朝倉書店
伊藤茂ほか	内燃機関名称図	海文堂出版
辰巳雄吉	東大受験生の物理学	文進堂
池谷武雄	原動機入門	オーム社
田坂英紀ほか	内燃機関	森北出版
土居政吉	船用蒸気タービン講義	海文堂出版
西野薫ほか	船用ボイラの基礎	成山堂書店
日本海事広報協会	船の科学	
運輸省船員局教育課	機関科図集	成山堂書店
勝田正文他	原動機	実教出版（高等学校教科書）
文部科学省	船用機関１	海文堂出版（高等学校教科書）（2022年は実教出版）

文部科学省	船用機関２	海文堂出版（高等学校教科書）（2023年は実教出版）
文部科学省	電気工学	海文堂出版（高等学校教科書）
商船高専キャリア教育研究会	舶用ディーゼル推進プラント入門	海文堂出版
商船高専海技試験問題研究会	海技士4E解説でわかる問題集	海文堂出版

索　引

［か行］

[さ行]

[た行]

[な行]

[は行]

［ま行］

［や行］

［ら行］

執筆者略歴

（順不同）

北風　裕教（きたかぜ　ひろのり）

2009年　山口大学大学院理工学研究科博士後期課程修了，博士（理学）

現　在　大島商船高等専門学校情報工学科　教授

小林　孝一朗（こばやし　こういちろう）

2011年　山口大学大学院理工学研究科博士後期課程修了，博士（理学）

2014年　九州工業大学マイクロ化総合技術センター研究員

2016年　福岡大学工学部化学システム工学科　助教

現　在　大島商船高等専門学校商船学科　准教授

清水　聖治（しみず　せいじ）

1992年　九州大学大学院理学研究科博士後期課程修了，博士（理学）

1992年　山口大学工学部機械工学科助手

現　在　大島商船高等専門学校商船学科　教授

角田　哲也（すみだ　てつや）

1982年　東京商船大学（現，東京海洋大学）機関学科卒業

1982年　大島商船高等専門学校機関学科助手

2013年　神戸大学大学院海事科学研究科博士後期課程修了，博士（工学）

元　大島商船高等専門学校商船学科　教授

寺田　将也（てらだ　まさや）

2023年　大阪産業大学大学院工学研究科機械工学専攻博士前期課程修了，修士(工学)

現　在　大島商船高等専門学校商船学科　助教

朴　鍾徳（パク　チョンドク）

2006年　神戸大学大学院自然科学研究科博士後期課程修了，博士（工学）

現　在　大島商船高等専門学校商船学科　教授

松村　哲太（まつむら　てつた）

2023年　東京海洋大学大学院海洋科学技術研究科博士後期課程修了，博士（工学）

現　在　大島商船高等専門学校商船学科　助教

村田　光明（むらた　みつあき）

2021年　豊橋技術科学大学大学院工学研究科博士後期課程電気・電子情報工学専攻修了，博士（工学）

現　在　大島商船高等専門学校商船学科　講師

山口　伸弥（やまぐち　しんや）

2004年　東京水産大学（現，東京海洋大学）水産学部海洋生産学科卒業

現　在　大島商船高等専門学校　練習船大島丸　一等機関士

渡邊　武（わたなべ　たける）

2016年　名城大学大学院理工学研究科機械工学専攻博士課程修了，博士（工学）

現　在　大島商船高等専門学校商船学科　准教授

機関学概論　２訂増補版

定価はカバーに表示してあります。

2006年５月18日　初版発行
2014年７月28日　改訂初版発行
2024年４月28日　２訂増補初版発行

編　者　大島商船高専マリンエンジニア育成会
発行者　小川　啓人
印　刷　勝美印刷株式会社
製　本　東京美術紙工協業組合

発行所 株式会社 成山堂書店
〒160-0012　東京都新宿区南元町４番51　成山堂ビル
TEL：03(3357)5861　FAX：03(3357)5867
URL　https://www.seizando.co.jp

Printed in Japan　ISBN978-4-425-61373-1